A Bite of Philosophy:

舌尖上的哲學

我吃故我思

I eat therefore I think

張穎

著

中華書局

目錄

我早年在牛津大學攻讀哲學博士學位，後來在美國費城的某間大學擔任教授。我從來沒有想到是，有一天我會為一本書寫飲膳哲學、並在香港出版的中文書籍作序。

對實用主義哲學與身體美學的研究，引領我觸探一些驚奇之地。如果實用主義倡導超越抽象晦澀、艱深專業的研究領域，那麼哲學應將視野投射到鮮活的日常生活，而身體美學強調的正是具身化的境況和旨趣。這類話題涵括了健康、能量以及身體意象，甚至是肉體的愉悅，比如（但不限於）口腹之慾和性愛歡愉。西方的主流思想傳統認為這些感官快樂不足掛齒、難登哲學大雅之堂，但是對我而言，實用主義和身體美學促使我將其視為嚴肅話題。

記得父親曾責備我奔赴意大利美食科學大學，為飲食主題的會議做主題演講。他認為，我致力於食物的話題弱化了哲學的專業性。而我據理力爭，以實用主義和唯物主義的觀點證明：不談飲食烹煮，何來人類生活；沒有接地氣的生活，何來哲學。若將哲學視作一個終點亦或宗旨，我們理所當然需要重視抵達目標的路徑。經受充沛滋養的肉身，方能產生哲思的能量。我們飲食的方式不僅餵養了身體，更涵養了我們的個性、趣味，甚至道德品行。

喜聞樂見的是，張穎教授的著作視野宏闊，拓展了身體美學的研究維度。在她的筆下，饕餮之樂與文化哲思交

互碰撞。飲食哲學也豐富了身體美學作為一項哲學工程的內涵，而且作為一門生活藝術，它旨在賦予經驗、倫理和感官之美。對於一個西方哲學家來說，介紹一本食物哲學的中文書籍，既令人欣喜雀躍，又備感榮幸。

在 2002 年雲遊中國之前，我對中國文化幾乎一無所知。來到中國之後，最令我慨嘆的事之一是發現琳琅滿目的各色菜餚，大快朵頤！對於東方美食，日本料理是我熟知且喜愛的（我的前妻是日裔美國人，岳母曾經營一家口碑頗佳的日式餐廳，吸引了諸多知名人士光顧，比如演員吉恩．懷爾德）。然而，我對中國食物的體驗，僅僅來自歐美的一些中餐館。原以為海外的飲食文化與本土的大同小異。如今想來，真是大錯特錯。中國美食讓我大開眼界，林林總總，蒐羅不盡！中國飲食文化博大精深，只有我這樣的西方人想不到的，沒有我們吃不到的！顯然，中國的奇美珍饈與其地大物博不無關聯。因其地域廣闊，氣候多樣，盛產農作物和家禽，優越的自然條件形成了豐富的物產資源。此外，中國數世紀以來都以地方特色風味著稱，地方菜系爭奇鬥艷。遊玩中國的樂趣之一，就是能在旅途中領略到當地美味。而中國各大城市的「寶藏」之一，便是不出城郭，也能品嚐到各地時鮮。

更深層次的原因是，中國美食深受其傳統哲學思想

的影響（此書中有精闢的闡述）。「天人合一」是中國哲學和諧觀的核心，這一思想應來自中國飲食烹飪所講的「五味調和」，以及傳統音樂所提倡的以「和」制樂。《禮記》認為：「飲食男女，人之大慾存焉」。但是，如何將人的慾望和表達納入個體行為中，決定了他的道德修養。頗為重要的是，人的進食之「禮」是塑造其人格品質的途徑之一。這一點，《論語》中有獨到的見解。比如，「食不厭精，膾不厭細。……不時，不食。割不正，不食。不得其醬，不食。肉雖多，不使勝食氣。惟酒無量，不及亂。沽酒市脯，不食。不撤薑食，不多食。……食不語，寢不言。雖疏食菜羹，瓜祭，必齊如也。」簡言之，聖人的自律和行為修養體現在飲食之「禮」中。

　　和儒家一樣，道家也指出個人修行和飲食密切相關。然而，《老子》（第12章）和《莊子》（第8章）都告誡「五味」之害，「五味」無益於攝生養性。雖然食物有天然之利，也是養生必備，但是道家修行倡導以斷食來靜氣靜心。《莊子‧達生》篇裏講述了木匠梓慶「削木為鐻」的鬼斧神工。若要達到出神入化的狀態，梓慶首先要做到齋戒靜心，捨名利、捨自我，「必齊以靜心」。「辟穀」是道家著名的斷食法，以踐行仙人行徑，達到長生不老的目的。其實，人們對穀物的態度有不同的詮釋，有人關注的

是穀物與人類文明的淵源，將其視為農藝的根本。

因此，中國哲學對飲食的看法，與其對生活准則的態度一樣，並非千篇一律。如果團結和諧是理想境界，他們也必然推崇個體的自由和差異。廣博複雜的內涵使得中國思想不僅深奧精微，而且有滋有味，宛如中國美食。張教授的書寫也融入了西方哲學的「風味」，促進了文化多樣性，其「融合哲學」完美地應和了當今越來越流行的亞洲「融合菜」（fusion cuisine）。在東西方政治緊張的動蕩時期，此書將會增進東西方跨文化交流。除了滿足口腹之慾，啖飲之樂對社會和政治的和諧大有裨益。

理查德‧舒斯特曼 *

---

* 理查德‧舒斯特曼 (Richard Shusterman)：國際著名實用主義哲學家、美學家，「身體美學」的開拓者。部分著作已有中文譯本，如《通過身體來思考》、《身體意識與身體美學》、《生活即審美》。

　　閱罷張穎博士（我平日習慣以 Ellen 稱呼她）傳來的書稿，興奮莫明，並以這位親密的同事為榮為傲。

　　我所認識的 Ellen 精力充沛，聰穎過人，相信跟她的善吃能煮有着必然關係。Ellen 從美國費城的天普大學到香港浸會大學的宗教哲學系履職已是一個奇跡。該系歷來缺乏女性教師與學者，情況跟許多大學的宗哲系無異，因而對她成為學系一員的考量亦引起注意。Ellen 之所以被廣泛接納，除了學問的根基、教學的熱誠，與她豁達和待人接物的包容度不無關係。她絕不刻意避開理論的對話，即使本來就是談談吃喝或電視劇集，她也能從容不迫地帶出了哲學的見解和思辨，引用哲學經典或史料更是輕車熟路，令人敬佩。

　　作為朋友，我和 Ellen 無所不談，有時厭倦了滔滔雄辯，也樂得閒話家常。當然話題也會涉及美食料理，因而無論在她家或我家的廚房，都見證過她的廚藝。她做菜喜歡各式各樣的香料，可能跟她在德州生活的經驗有關。廚房是她的舞台，凌空把調味料和香料撒在肉和菜蔬上頭，我們也就吃得津津有味，但不失食材的鮮味。這跟 Ellen 作為浸會大學宗哲系首位女系主任的管理態度又互相呼應：人情味恰到好處、不誇張、不脅逼、守點法則、高高興興、順其自然。

Ellen 在許多城市之間生活與遊學：從中國內地到歐美……現在居於香港。她對各地美食的品嚐與她多重的文化身份結合，造就了她對書中各種說法的見解層次。我特別喜歡她這部著作的綱領，可以如此總結：本體論上的「生存還是死亡」的問題也可以是「吃還是不吃」的實際問題；也就是「我吃故我思」的存在基本建築，結合肉身及心靈，無從區分上層與下層，吃前小思或吃後再思。這是朱迪斯‧巴特勒（Judith Butler）式的思考與陳述吧，也是我所認同的女性主義哲學思考中對體性存有的推崇。

Ellen 在書中談到我們的好友舒斯曼特（Richard Shusterman），他近年致力研究和推廣的身體美學與飲食藝術。我贊同他所提醒的人生美感與食的互動、行動哲學以及肉身的自我救贖。Ellen 在香港寫作此書是恰當不過了，因為吃是香港人的宗教，也是在政治狹縫裏的自我救贖。或許香港人的全球最長壽，與他們對美食的崇拜、追尋和經營不無關係，否則我們實在難以解答在眾多困境和束縛裏，我們如何可以求存。當然，有人義無反顧地擁抱吃，就會有人在斷食中超越：李叔同在離場的寺院裏不吃不喝，直至圓寂。這並非悖論，而是在反證中說明肉身與精神的同體同源。

Ellen 的這本書像一場盛宴，又像香港人樂此不疲的

自助餐。資料隨手拈來，運用自如，就像她手中舞動撒潑的香料。正如她書中所説的，食物是研究西方思想史一個不可或缺的環節。我們都是我們所食的食物所構成。

文潔華 *

* 文潔華（Eva Man）：香港浸會大學電影學院講座教授及學院總監。

寫書的緣起

多年以前,讀到香港著名作家也斯(梁秉鈞)的小説《後殖民食物與愛情》,我就會想到「唯有美食與愛情不可辜負」這句老話。在香港生活,美食無可置疑地成為人們生活中不可缺少的一部分,也是讓許多港人再有百般不滿,也不肯離開這個美食之都的主要原因之一。對於不少「饕民」,美食可以抵禦世間的悲傷和迷惘,是一場漫長的自我救贖。

香港文人鍾愛也斯的作品,因為他的書寫有香港,更有香港之外的描述。人生百味,散落在瑣碎的日常中;拾起來,品一下,別有一番滋味。後殖民地的港人,或許習慣了曖昧不明的身份認同,唯獨不含糊的,是對食物的那份熱情。有評論説:「香港人喜歡吃,也懂得吃,但他們對食物的熱情隱藏着對生活其他範疇的失望。由於對政治和前途無能為力,被壓抑的活力與創造力只好流入飲食的領域裏。」(林沛理:〈《後殖民食物與愛情》評語〉)也斯小説中十二個短篇故事,好似十二道菜式,一一呈現在讀者面前,不分食色、難辨東西。讀者在風情萬種的文字之間,可以捕捉那一絲難以言説的、屬於港人獨有的寂寞和孤獨。

我在香港生活了近 14 年,生性好吃(還好,不懶做)的我,可以隨性地在香港這個美食的天堂裏自由遊蕩,多

少能夠抵消平日辛勞於工作的壓力。香港薈萃了中西飲食文化，融合眾多的「混搭」（hybrid）食物，完美地迎合了我這個被多年造就的中西兼容的胃口。到了香港，我才算體驗到正宗的港式飲茶，譬如位於士丹利街的「陸羽茶室」。這是間著名老字號的香港飲茶，透露着 60 年代的舊時老香港氣氛，而每一道茶點都做得精美可口、齒頰留香。想想當年我在休士頓和費城、和朋友常光顧中國城的那幾家提供 dim sum 的餐館，真是不能比呀。唉，人在美國，就不能太挑剔，有吃的總比沒有強。在香港我居住處的附近有一家美式牛扒小店，看上去不起眼的門簾，但煎牛扒的水平絕對世界一流，食材是來自美國的牛肋扒（Prime Rib）和肉眼牛扒（Rib Eye Steak）。我喜歡有牛花的部分，味道最為鮮美，加上酸奶油或辣根配料，立刻讓我有回到居住在德州的時候品嚐「德州之味」（Taste of Texas）牛扒館的感覺。香港大名鼎鼎的九龍城更是東南亞美食料理的集散地，像那間以海鮮為主的小曼谷餐廳，永遠是食客爆滿。喜歡泰國美食的我，也喜歡光顧九龍城那些銷售東南亞食物香料的各式雜貨舖。想當初我在美國，只有一家名為 Tai Pepper（泰胡椒）的泰餐連鎖店可以去，哪能吃到正宗的泰式炒金邊粉和泰式生蝦呢？

香港一向是中西文化交匯的地方，在吃上也一定少不

了「東西文化的相遇」（East meets West）。像港式奶茶（亦稱「絲襪奶茶」），是典型的混搭的產物。人們在茶餐廳點菜，往往會得到一杯免費的奶茶。還有，我記得第一次吃香港的芝士焗飯，打開一看，飯上鋪着一層白白的芝士（cheese）。當我興奮地把芝士送進口裏，才發現我吃的居然是豆腐！除了廣東傳統的客家菜和潮州菜之外，香港百姓喜歡的食物要數廣東飲茶的各式點心，以及車仔面、雲吞面、魚蛋粉、白粥油炸鬼等。當然，最迷人的應屬港式蛋撻，尤其是那間坐落在九龍城的豪華餅店所烘烤的美味蛋撻。我一口氣可以吃上四、五個。朋友嘲笑道，看我吃蛋撻的架勢，還以為是世界末日呢。

在香港，能夠保持一個永不墮落的胃，可不是一件易事！

由於 COVID-19 疫情的影響，我和大多港人一樣，不能像往日一樣隨性地到餐館享用美食。有幸的是，我有了更多的時間透過網絡視頻，觀看五花八門的美食節目。看多了，就萌發寫一本與飲食相關的書的念頭。雖然我平日也會嘗試自己創造的各式食譜，但教授烹調藝術不是我的強項，所以還是想借飲食的話題，談談我熟悉的哲學。其實，很早以前我就想寫一本與食物有關的書，想借飲食的話題，談論一下與生活相關的哲學議題，還可以隨性加入

我所喜愛的、古今中外的文學藝術和電影中有關食物的印記。但無奈工作繁忙，除了授課，手頭一堆學術論文要交差，所以一直沒有動筆。一天偶然讀到美國著名美學大師理查德 · 舒斯特曼（Richard Shusterman）的一篇長文，題為〈身體美學與飲食藝術〉（*Somaesthetics and the Fine Art of Eating*），開篇的一句話是：「飲食是人的需要，但懂得如何飲食是一門藝術。」這篇有趣的文章重新勾起我要寫食物哲學的情趣。舒斯特曼不僅僅是在一般意義上談飲食藝術，而是把飲食放在「身體美學」的大框架中來反思，其中對東方飲食藝術的解釋更是令人耳目一新。

我在上世紀 90 年代後期曾在美國費城的天普大學（Temple University）宗教系執教，那時舒斯特曼是同一間大學哲學系的教授兼系主任。兩個系雖然只有一樓層之隔，我卻沒有和他有過任何交集，但那時我已知道他是位很有名氣的美學教授。沒想到的是，兩年前我和舒斯特曼教授在香港偶遇了。這一次，我有機會與他進行較為深度的交談，之後我們亦保持郵件往來。他會時不時地把自己新發表的文章或書稿寄給我，我也會說一說自己當下的研究課題。不久前，我向他提及自己在寫一本與飲食相關的書，並邀請他為我的書做個小序。我把寫書的意圖以及把每一章節的標題翻成英文寄給舒斯特曼教授，他立刻回

信接受了我的邀請。我對他説,「識食物者」一定是愛生活的。

「舌尖上的哲學」是從吃開始的,人們滿足了味蕾,就會忍不住胡思亂想,對人對事,也會有新的認知。生活並非事事如意,但美食永遠是美好的。人生如美食,美食亦如人生。美食可以是家庭的、朋友的,亦可以是個人的、私密的。其實,人生的酸甜苦辣、喜怒哀樂,好壞與否,都需要自己去一一品味,而其中的味道和餘韻,也只有自己懂得。

人生匆忙,忘不了的是淡淡的人間的煙火。取悅自己,就從眼前這一頓飯開始吧。

我吃,故我思;我思,故我在。

品味
是甚麼東西
？

......

「品味」一詞

在說飲食的話題之前，讓我們先談談品味。

「品味」作為一個名詞，在西方社會具有濃郁的人文色彩。歐洲啟蒙時代，具有「良好品味」被看作是具有文化教養和素質的體現。到了 18 世紀，「品味」（德文 Geschmack，即英文的 taste）的概念被賦予公共性的特質。德國哲學家康德（Immanuel Kant，1724-1804）將「品味」納入審美的範疇，之後美學中出現「品味的判斷」的說法。康德指出，品味意指「一個器官（舌、顎、喉嚨）的屬性。即在吃喝時對某種溶解物產生的特殊刺激的感受」（康德:《判斷力批判》）。每當我在超市看到雪櫃裏的「康德鱈魚」，都會不禁多看幾眼，想像一下餐桌上的鱈魚經過舌、顎、喉嚨的感覺，以及由此產生的只有哲學家才擁有的「精神層面的嘮叨」。這些嘮叨可是哲思火花的前戲啊。少了這個食物的層面，形而上的迷思是無解的。

讀過一點康德的人，都知道這位哲學怪人的私人生活窮極無聊，但他老人家吃東西倒是蠻講究：早餐要飲茶（不喝咖啡），中餐或晚餐時配着芥末的烤肉，還有鱈魚（配點奶酪和黃油）、魚子醬、蕪菁等食物。當然，還少不了梅多克葡萄酒的助興，以活躍康大人秒殺一般人的思維力度。實際上，康德的酒徒身份，學界無人不知。但大師的弟子們有一套為康德辯護的說辭，稱飲酒是為了增強哲學家的想像力和洞察力。

康德著有著名的「三大批判」:《純粹理性批判》（*Critique of Pure Reason*），《實踐理性批判》（*Critique of Practical Reason*）和《判斷力批判》（*Critique of Judgment*）。雖然康德在審美判斷力的章節中沒有把美食作為審美的內容，並認為身體的愉悅不屬於心智和善的愉悅，但他對飲食並非完全視而不見。他在哥尼斯堡大學做兼職教師時，還常常舉辦晚餐派對，與其他師生共進晚餐。（Alix A. Cohen: *The Ultimate Kantian Experience: Kant on Dinner Parties*）據說康德還準備寫一部《烹飪學批判》，但最終沒有如願完成。康德活到 79 歲，我想他老人家若能多活幾年，肯定可以完成這部大作。一些在三大批判中未解的哲學難題，我們或許在烹飪學批判中找到答案。

讓我們看一下中國的傳統。中文裏的「品味」可作動詞亦可作名詞來用。如單音節的「味」是名詞，其古漢語用法可以追溯到秦簡，指食物入口的感覺。「味」也會作動詞用，如「味之者無極」。「品味」作動詞涵蓋「感官辨別」的意思。《呂氏春秋・適音》有「口之情慾滋味」的說法來形容美食的多重味道。滋，益也，多的意思。食物既與感官世界有關，又與情慾相連。《國語・楚語》提到「庶人食菜，祀以魚」，也就是說，平民一般以菜食為主，魚肉只有在祭祀時才可以吃到。那年頭，食素可不是為了時髦，而是不得已為之。所以口之情慾，不是平民百姓每天都可以體會的經驗。老子可以時不時地烹個小鮮，人家好歹是周王室裏的一個不大不小的官呀。孔子說他在

齊國欣賞韶樂，激動得竟然有三個月吃不出肉的滋味。沒想到音樂的滋味也可以如此豐厚。但還是莊子最牛，他筆下的神人不食五穀，吸風飲露，體驗着無味之味的超然境界。

無論是名詞還是動詞，「品味」都與體驗飲食滋味直接關聯。但「味」這個字在中國傳統思想中，具有特殊的美學意義。譬如《禮記·樂記》借用「味」來說明音樂的美感。漢代班固《漢書》中有「誠有味其言也」之說，意以味論語言之美。西晉陸機的《文賦》再次使用《禮記·樂記》的「味」字來評論詩文，批評當時缺乏文采的作品是「清虛以婉約，闕大羹之遺味」，意指文風如過分平淡，就像沒有調料的肉汁，沒有餘味。南北朝著名的文學評論家劉勰在他的《文心雕龍》中，直接把「味」作為他一個主要的美學概念，強調作品的「餘味」和「味外之味」，認為好的作品應是「玩之者無窮，味之者不厭」。南朝評論家鍾嶸撰寫《詩品》（亦為《詩評》）是中國文學史上第一部詩論專著，被後人稱之為「百代詩話之祖」。作者以詩的「內味」和「外味」來說明以詩達情和以詩達理的不同。唐代的文論家司空圖進一步在「味」的基礎上建立他的詩學理論，提出「辨於味而後可以言詩」的思想，認為只有在辨別詩歌中「味」的條件下，才可以討論詩的風格，即詩的意味、趣味、韻味和玩味。

「品味」和「品位」

　　「品味」中的「品」字在古漢語中有「等級」的意思。因此，「品味」不但要「鑑賞」，而且要「分類排序」。如鍾嶸《詩品》中的「品」字就是指品嚐、鑑賞。他把詩歌分為上品、中品和下品，並以此提出「分品比較」的評論方法。除了品字，鍾嶸還創造出「滋味」的概念，為中國詩評找到一個品味的說法。在《詩品序》中，他認為只有具有滋味的詩，方能「使味之者無極、聞之者動心」，因而達到「使人味之，亹亹不倦」的境界。也就是說，咀嚼詩味，猶如品嚐佳餚。對一首詩的玩味，就是對滋味的把玩。司空圖在他的《二十四詩品》中把詩歌分成不同風味的二十四品，並提出「味外之味」。司空圖以醋鹽為喻，說醋止於酸，鹽止於鹹，但缺乏鹹酸之外的醇美之味。所以好的作品，應該有鹹酸調和之後的「味外之味」。所謂的「味外之味」，就是「餘味」。《文心雕龍‧隱秀》中有言：「深文隱蔚，餘味曲包。」「餘味」有空白之美，如司空圖所說：「不着一字，盡得風流。」所以，在詩歌美學的範疇中，「品」強調有一定的品質和水平，而「味」強調事物的格調和情趣。

　　「品味」的英文是 taste，源於中古的 tasten 一詞。指嚐出 X、Y、Z 的味道，意即藉由品嚐、觸摸、測試或採樣所獲取的檢驗。這個解釋類似於拉丁文中的 taxare，即敏銳的觸摸和感覺。在此基礎上，「品味」進而指由味覺

慢慢滲透再而擴散到其他的範圍。美國專欄作家黛安·艾克曼（Diane Ackerman）認為，「品味是一種嘗試或測試，有品味的人乃是以濃烈的個人方式評估人生的人，他會發現其中有些部分崇高，有些部分匱乏；而品味差的視為多半猥褻或低俗。」（艾克曼：《感官之旅》，*A Natural History of the Senses*）其實，艾克曼所說的 taste 具有兩重含義，即「品味」和「品位」，前者指感官經驗，後者指判斷標準。再者，「品味」一般只形容人，譬如說某某人有「品味」，而「品位」往往形容事物，譬如說某某人購買的家具很有「品位」，或者說某人的談吐很有「品位」。作為美學概念，我們會用「品味」，而不是「品位」。

由此，艾克曼指出，我們會傾聽專業的品酒師、美食大師以及藝術鑑賞家的意見，是因為我們認為他們的品味更為敏銳和精純。漸漸地，他們的「品味」成為大眾談論「品位」的標準。像法語中有 connoisseur 一詞，泛指藝術

品味是一種感覺、心態、判斷力，更是一種生活方式。

品和食品及飲品的鑑賞家，他們被看作專家、權威人士和評判者。由此，connoisseur 也稱為「高品味」的代名詞。「品味」是經驗和判斷，而「品位」是判斷標準和檔次，常常帶有階級或階層的含義。在大多情況下，二者可以通用，因為品味所指鑑賞能力，也常常是社會精英所表達的看法，亦是精英確立階級地位的一種方式。難怪《紐約時報》排上榜的暢銷作家詹妮弗・斯克特（Jennifer Scott）的有關品味的系列書籍和專欄如此受到讀者的青睞，如《向巴黎夫人學品味》、《品味兒童》、《生活行家》等等。「生活行家」中的「行家」一詞就是 connoisseur。這裏，品味即行家，他們的體驗代表了一種敏銳和精純。美國作家借助法國貴族之口為一向被認為品味或品位不夠的美國人推廣法式品味，算不上甚麼新鮮之事。同時，這樣的宣傳向世人表明：品味是一種感覺、心態、判斷力，更是一種生活方式。

品味中的價值判斷

從西方哲學的角度來說，品味屬於價值論（axiology）的範疇，其標準的制定與價值判斷有關。既然是價值論，就會有主觀論和客觀論之爭。不少人認為，品味的標準不應是個人而應是社會，即在人性內在心理運作中所建構的一套共同標準。如夜市的燒肥腸或鴨血粉絲湯和法

式餐廳燜鴨或焗蝸牛哪個品味更高，從個人角度講，吃甚麼、怎麼吃這樣的話題帶有太多的主觀色彩，正如人們常說的「口味無爭辯」。那麼，我們又如何界定標準的客觀性呢？如果英國人嘲笑意大利人吃動物的內臟沒有品味，那你憑甚麼說 fish chip（油炸魚薯條）就更有品味呢？當然，所謂的共識有時會受到商業社會的影響，將價格昂貴等同於「品味」，value（價值）成了 cash value（現金價值）。正如意大利哲學家喬治‧阿甘本（Giorgio Agamben）在其《品味》一書中所說的那樣，一邊是有情趣的審美人（homo aestheticus），一邊是功利的經紀人（homo aeconomicus）。因此，我們希望有一個共同的鑑賞標準，梳理出一個「美醜」、「優劣」、「高雅低俗」等價值判斷的社會共識，並讓這種共識成為普遍的真理。康德認為，判斷力自身包含着一個先驗的原理，這個先驗的（a priori）知識又與人的慾望和情感的感官體驗相結合，形成最終的價值判斷。康德進一步指出，品味的主觀性恰恰說明人類的品味存在着某種共性。

經驗主義者（empiricists）也在尋求共性，但否認任何先驗的原則。所謂先驗，即獨立於經驗之外的知識。大衛‧休謨（David Hume，1711-1776）是一位英國哲學家，西方哲學史常常將他和洛克（John Locke，1632-1704）以及柏克萊（George Berkeley，1685-1753）視為現代早期的經驗主義哲學的代表人物。休謨在他的《人性論》（A Treatise of Human Nature）一書中，提出知性

中的靈性問題。他認為靈性（或曰心靈的習慣）具有兩個基本特徵：非理性和共性。非理性的部分包括想像力（imagination）、情感（passion）以及品味（taste）。所以在休謨看來，品味的經驗屬於非理性的心靈範疇。也就是說，我們無法單憑意志去干預其運作方式。在此限制下，為了能夠作出準確、恰當的判斷，我們只有一方面確保單純由理性作出的判斷正確無誤，另一方面確保非理性的心靈活動（即敏感的鑑賞力）能夠在理想的狀況下進行。然而休謨仍然面對一個頭疼的問題，即如何讓非理性的心靈活動有一套共識的品味標準（the standard of taste）。為了解決這個問題，休謨從「個人素質」和「習慣」入手，由此尋找人類心靈共同的品味本性的理性基礎，並希望以此矯正傳統經驗主義偏重主觀感受之弊端。休謨認為，人的自然屬性中有某種共性，可以作為品味判斷的統一標準。

如此一來，還是有人給休謨的品味共性論戴上「理性的統治」的大帽子。也就是說，休謨試圖利用理性的統治，建立一套數學公式般的標準，給世界提供某種感官經驗的秩序。的確，這裏涉及到我們對感官能力、內在情感、個人偏好以及社會風俗的認識。至於是否能達到休謨所期待的「感性認識的完善」，那就不好說了。作為一個出名的懷疑論者，休謨居然要在品味評判上找到真理的標準。可見休謨正像他對自己的描述，是可以「免於世俗偏見，但同時充滿了自己的偏見」。休謨的品味標準存在兩個未解的問題：一、統一人們形形色色的趣味是否可能；

二、品味（如藝術）是否有高低之分別，是否存在一個標準並以此判斷品味之優劣。這兩個問題有涉及到評判的規則和評判的表達等其他議題。這些問題也是康德審美判斷所遇到的困惑，美感是主觀的還是客觀的？品味與其他興趣，如慾望，是否可以分開？休謨認為，無論人的品味有多大的歧義，還是存在共同的原則，這些原則來自人類「內在印象」（internal impressions），透過心靈感受得到認知和評判。休謨說到：「兩千年前在雅典和羅馬博得喜愛的那一位荷馬今天在巴黎和倫敦仍然博得喜愛。氣候、政體、宗教和語言各方面的變化都沒有能削弱荷馬的光榮。」（休謨：《論品味的標準》）所以，任何一個時代的偉大作品都具有經久不衰的審美價值。

英國思想家埃德蒙・柏克（Edmund Burke，1729-1797）是與休謨是同時代的美學家。與休謨一樣，他也受到經驗論和感覺論哲學原則影響。柏克的代表之作《壯美與優美的觀念起源之哲學探究》（*A Philosophical Enquiry into the Origin of our Ideas of the Sublime and Beautiful*）影響了康德的美學思想。書中一個部分是〈論品味〉（*Introduction on Taste*）。柏克認為，人們是透過感覺、想像、理解和判斷來理解外在的自然世界，而人在視覺、聽覺、味覺、嗅覺、觸覺五種感覺官能上沒有本質上的差異。譬如，人吃糖產生甜味、吃醋產生酸味；而人大多吃甜味產生快樂，吃酸或苦味產生痛苦。所以，人的感官經驗是相似的，附帶而生的情感也都是相似的。但品味的差

異又是從何而來的呢？柏克認為品味主要產生於對藝術天生的敏銳感受性、與對象的密切程度和對藝術知識的把握。因為品味並不是一個單純的觀念，它至少包括感覺、想像力、理解力和判斷幾個重疊的成分。缺乏感覺的敏感性就會對感人的事物遲鈍和麻木，想像力不足會導致缺乏品味。此外，缺乏藝術知識的訓練，便會對藝術語言缺乏理解力，由此產生鑑賞力的不足。

美食鑑賞的內在情感

我們對食物的鑑賞和評判，是個人偏好還是社會風俗，或是外在的客觀標準？休謨在講述藝術鑑賞的品味和食物鑑賞的品味時，曾經舉《唐吉訶德》（*Don Quixote*）中的一個故事為例：兩個善於飲酒的人，在喝下一杯酒後，各自說出自己的感受。第一位說：酒不錯，但是有點橘子的味道；第二位說：酒裏有一股鐵味。後者的話引來一片笑聲。當把酒桶裏的酒全部倒光後，人們看到桶底下有把鑰匙掛着一根皮帶。休謨在這裏所要強調的是，只有情感細緻和感受敏銳的時候，人才會有美感的經驗。（David Hume: *Of the Standard of Taste*）休謨相信，人的內在情感對品味的樂趣及判斷具有直接的影響。但他同時指出，內在情感並不等同於個人偏好，而是長期培養出來

的情趣。他強調鑑賞和評判需要生活經驗上的磨練，由此提高個人的審美分析和判斷能力。

所以，品味美食，就是提升樂趣，品味生活。

休謨本人是一位美食佳餚的愛好者，這在英國哲學界並不多見。休謨畢竟是蘇格蘭人，要比英格蘭人愛吃、會吃。據說休謨晚年曾數次去法國參加當地的沙龍活動，不單言辭出彩，也因為品味高尚而頗受啟蒙運動的哲人與貴婦們歡迎，並有了一個「好人大衛」（Le Bon David）的綽號（法國人能看上蘇格蘭人的品味，這不是常見之事）。其中就包括法國哲學家盧梭（Jean-Jacques Rousseau，1772-1778）、一個地道的法國吃貨。盧梭以喜好奶製品和甜品著名，乃至當今世界上到處都是盧梭咖啡店、盧梭甜品店。而休謨晚年飽受腸胃疾病之痛，大概是在美食和美酒上缺乏節制。還好，他認識盧梭不久，兩個人的關係就破裂了。否則，跟着盧梭天天吃甜品，休謨那個蘇格蘭的腸胃更受不了。休謨在晚年喜歡展示自己的廚藝，英國 18 世紀史學家愛德華·吉朋（Edward Gibbon）說休謨是「伊壁鳩魯豚笠中最肥的豬」。據史學家統計，休謨和昔蘭尼的阿瑞斯提普斯（Aristippus）是西方哲學歷史中僅有的兩位做過廚子的哲學家。

當然，品味是多樣的，總會有迷戀法蘭西的英國人。在《關於品味》（Acquired Tastes）一書中，英國暢銷作家梅爾（Peter Mayle）從衣食住行談論品味，特別是飲食方面。他一再對自己說，人生苦短，為何要飲廉價的香檳

酒、吃廉價的飯菜呢？說真的，以品味為藉口給自己找個花錢的理由，倒是個不錯的想法。梅爾早年的代表之作《山居歲月》（*A Year in Provence*）成為許多現代人「美好生活」的「《聖經》」，也讓一向高傲的英國人瞬間成為法國迷。奶油野蘑菇、檸檬白蘆筍、松露、魚子醬、茴香酒……按照作者的說法，那些讓人流淚的法式佳餚，加之普羅旺斯美景的襯托，怎麼能不打動人心？人們突然發現，可以不再為自己是個不可救藥的吃貨而內疚，因為吃是獲得品味的經驗，也是生活美學的一部分。對於小資們，獲得品味，這可是步入上流社會的第一步呀。用休謨的話來說，就是提升你的個人素質。吃懂法蘭西，意味着讓那些不曾是你的習慣的一部分成為你的習慣。

被稱為「百科全書派」的 18 世紀啟蒙時期的哲學家狄德羅（Denis Diderot，1713-1784），曾經說過：「在五官感覺中，視覺最膚淺，聽覺最傲慢；嗅覺最易給人快感，味覺最迷人多變，觸覺最深刻、最具有哲學意味。」（Denis Diderot: *The Judgement of Taste*）看來，狄德羅是有意與柏拉圖主義作對，把視覺放在最低的位置，卻拔高味覺的地位。他堅持認為感覺是一切知識的源泉，感覺是外部世界作用於感官的結果。觀念和思維能力都是由感覺發展而來的，因此人需要從感覺回到思考，再從思考回到感覺。順帶提一下，英文中的 restaurant 一詞來自法國，是從法語中的動詞 restaurer 演化出的形容詞，意即「修復」或「恢復體力」。作為名詞的 restaurant 的含義是「令

人恢復元氣的食物」。狄德羅大談味覺的意義，也是對食物和飲食的具有「恢復元氣」作用的肯定。在啟蒙思想家中，狄德羅算是個另類。在理性至上的時代，他卻認為人類的感官經驗不是追求真理的絆腳石，堅持主張感性在審美與道德判斷上的作用。

清代的文學家袁枚詩評寫得好，食評更是一絕。他的那本《隨園食單》至今令人津津樂道，其流行度遠遠超過他的詩評《隨園詩話》。談到品味，袁枚認為他對詩的品味和對食物的品味有相似之處。他在《品味》一詩中寫道：「平生品味似評詩，別有酸鹹世莫知。第一要看香色好，明珠仙露上盤時。」清雅是袁枚評判詩歌的原則，亦是他評判事物的標準。品味對於袁枚，不可隨眾，也不可務名。現代作家林語堂受到袁枚的啟發，將自己的「食物哲學」歸為三事，即新鮮、可口、火候適宜。其實，這不僅僅是林先生的食物哲學，也是他的人生哲學，即講究生活細節的極致，既舒服了自己，也讓周圍的人愉悅。林語堂曾與家人合作，寫了一本《中國烹飪秘訣》，獲得德國法蘭克福烹飪學會的大獎。這本食譜的內在精神，和他那本著名的《生活的藝術》一脈相承。林語堂常說自己是個地地道道的伊壁鳩魯的信徒，即享樂主義者：「吃好味道的東西，最能給我以無上的快樂。」當然，林先生所說的好味道的東西，不一定是山珍海味，可以是一碗簡單的素麵。

中國文人若不是個吃貨，哪位敢稱自己有品味？

chapter

2

味覺
現象學

「食物色情」

　　說到味覺，不能不讓人想到近幾年一個時髦的社會術語「食物色情」（food porn）。這是一個來自味覺和視覺的雙重的組合「食力」，以視覺刺激為主導。因此「食物色情」的定義是「以高度刺激感官的方式呈現食物擺盤」。據說，把食物和色情合二為一的想法來自於上世紀 70 年代一位具有「世紀廚師」之稱謂的法國廚師保羅・博庫斯（Paul Bocuse），他寫了一本法式料理烹飪的食經，被稱為「昂貴的食物色情書」。後來各種美食雜誌以及美食電視、網絡的形式出現，形成一種 gastroporn（食物色情）現象，英文稱 enticing（誘人的）食物。英國作家朱連・巴內斯（Julian P. Barnes）在上世紀 90 年代發表在《紐約客》（New Yorker）上的一篇文章，題為〈帶有欺騙的簡單〉，其中談到食物色情的話題。巴內斯指出，美食可以帶來特有的「歡樂」（conviviality）之特質，與性的情色有類似的效果。毫無疑問，「食物色情」的說法很吸引眼球，立刻得到社會熱烈的回應。帶有 erotica 的美食，誰不動心呢？但在食物色情中，食物「被看」的功能顯然大於「被吃」的功能。

　　學術界對「食物色情」並沒有統一的定義。英國記者羅斯琳德・克華德（Rosalind Coward）在《女性慾望》（Female Desire）中首次使用這個概念。其實，食物色情首先是訴諸於人的視覺，然後以視覺帶動味覺。各類大眾

媒體——從攝影到時裝，從時尚雜誌到手機屏幕，我們都會被美食圖的浪漫畫面所吸引。克華德指出，美食可以看作女性身體的另一種展示方式，引發大眾對食物超乎於食物本身的想像和渴望，並由此產生對食物的痴狂心理（gastromania）。由此可見，美食不僅僅是滿足口腔快感的對象，而且是養眼的藝術品。所以，我們會看到大多的美食書籍，都配有精美的圖片，從寫實派到印象派和朦朧派，其目的都是為讀者打造一個有關食物的夢境。很多時候，視覺的衝擊早已戰勝了可能完全沒有機會上場的味覺（雖然飢餓感已經產生）。難怪，有些廚師要把精力放在如何創作食物的形象上，包括盛裝食物的各種器皿，形成用視覺打造「食力」的最高境界。如此一來，美食不僅是關乎「食物的藝術」（the art of food），而且是關乎「食物擺盤的藝術」（the art of plating）。所以，我們看到米其林三星的法國廚師杜卡斯（Alain Ducasse）直截了當地說：「料理是一場視覺饗宴，我知道我們的顧客想透過社區媒體分享這些令人感動的時刻。」（查爾斯·史賓斯：《美味的科學：從擺盤、食器到用餐情境的飲食新科學》）。食客去米其林用餐，享受的不僅僅是美食，而且是養眼的食器，如 Hering Berlin，Royal Copenhagen，Royal Doulton 這樣低調奢華的知名品牌。

當然，有人建構就必然會有人解構。加拿大廚師卡羅琳·費林（Carolyn Flynn）在 Instagram 上開了一個帳號，以「狗屁雅客」（Jacques La Merde）的名字揭示食物

色情在感官上的欺騙性。為了說明這一點，她用各種從便利店買來的垃圾食品加以精美的包裝擺盤，打造「食物色情」，並以此諷刺時下的風潮。費林對「食物色情」的挑戰把我們拉回最原始的哲學問題：甚麼是真？我們的感官可靠嗎？在回答這個問題之前，我們說說味覺現象學。

■ 味覺「現象學」

「現象學」（Phenomenology）是對經驗結構與意識結構的哲學性研究。知識的世界，即「理性」（reason）的世界，一部分建立於「感知」（sense perception）——你看到的東西，也就是色、身、香、味、觸；另一部分建立於「信念」（faith），可以是宗教的，亦可以是非宗教的。但無論是理性還是信念，都會涉及到人的意識經驗。德國現象學大師埃德蒙德‧胡塞爾（Edmund Husserl，1859-1938）認為，對事物的認知是對出現在各種意識行為中的現象的系統反思與研究，如意識經驗（判斷、感知、情緒）。當我們的意識在關注某一個事物時，關注對象自己被稱作意向對象，而意識結構（如知覺、記憶、願望、幻覺等）就是「意向」（intentionality），它使得意識向它的對象伸展，產生由於對象給予的刺激所帶來的特定的意識行為。

現象學所說的意識，包括意識主體、意識對象以及意

識活動。意識活動包括感官的認知活動，即視覺、聽覺、味覺、嗅覺和觸覺。法國「身體現象學」大師莫里斯・馬龍－龐蒂（Maurice Merleau-Ponty，1908-1961）用現象學研究人的身體和觸覺，提出知覺在先的思想，即身體的經驗或身體的意象性是認知的基礎。以此推論，人的味覺以及與它相關的判斷、感知、情緒，亦體現人的意識對食物的意向性。而味覺的出現，常常不是單一性，而是伴隨其他的知覺活動，如視覺和嗅覺。換言之，味覺所帶給意識的感官愉悅和食慾的增強，往往會受到視覺和嗅覺的直接影響。馬龍－龐蒂指出，對食物的感覺，是研究人類官能感覺的基礎。所以，「感」與「知」常常相輔相成。

在所有的知覺現象中，味覺常常被看作較為原初的知覺。多年前，美國紐約州大學的哲學教授考羅琳・考斯梅爾（Carolyn Korsmeyer）寫過一本書，名為《認知味覺：食物與哲學》（*Making Sense of Taste: Food and Philosophy*）。這裏，作者用了「taste」這個概念，也是我們上一章所討論的「品味」一詞。在考斯梅爾的書裏，「taste」具體指的是「味覺」，即觸摸食物的感覺意識，是進入「品味」的初級階段。作者認為，西方哲學常會談到人的感官功能，尤其是視覺和聽覺，但會忽略味覺。考斯梅爾針對這個現象追溯品味的理論淵源，以及從生理學、心理學、哲學等多角度對這個議題的探討，指出西方哲學在感官上存在的等級觀念。譬如，德國哲學家叔本華（Arthur Schopenhauer，1788-1860）就認為視覺是知

性的，聽覺是理性的，二者皆為感官上較高的層次。而味覺和觸覺是與身體有關，其感官功能是低層次的。顯然，叔本華的論調受到康德哲學的影響，即把「高級感官」與「低級感官」作出區分。換言之，味覺和觸覺是以身體為「場域」的，所以沒有脫離肉體的純粹知覺。與脫離身體的知覺視覺與聽覺相比，它們無法進入高層次的認識論和哲學意識。考斯梅爾對味覺的探討正是從這個角度切入，強調味覺的功能在認識論上的作用，以此回應人們對味覺的種種懷疑態度。

味覺首先是關於舌頭，舌頭是感官的一部分，感官是身體的一部分。因此，味覺是身體現象學的一部分。我們對世界的感知與體驗，很大程度與味覺相關。在弗洛伊德（Sigmund Freud，1856-1939）的精神分析法中，兒童最初對食物的感知階段被稱之為「口腔期」，又稱「口慾期」（oral stage）。弗洛伊德把這個時期看作人的性慾的早期形成階段，也是人格發展的最初階段。也就是說，在嬰兒的感知世界中，快樂、愛與吃似乎是一體的。由於弗洛伊德大師喜歡把人的任何慾望都理解為對性的慾望，所以把吃東西也自然地看成是性的潛意識。看來，他對中國人的「食色，性也」有着另一番的詮釋。據說弗洛伊德本人也是個美食愛好者。維也納有家餐廳，專門設立了弗洛伊德菜譜，像奶酪碎、豌豆和火腿等食物，加之一杯甜酒。不知食客吃過，是否能夠產生從「本我」到「超我」的人生飛躍。

味覺中的視覺

　　中國傳統美食向來重視外在的「色」，即食先入「眼」。我們可以看到，有些食材純粹是為了裝飾的目的，起到「養眼」的作用。中國佳餚講究食物的搭配，除了營養和口感的協調，就是視覺的美感。有些食材屬於「淡妝濃抹總相宜」，有些則需要精心地打扮。對「色」的追求也體現在於食物擺盤的要求。不同的食物選擇不同的器具。食物雖然引發感官的味覺享受，但並不終結於味覺，而要兼及視覺。所謂的「秀色可餐」、「國色天香」這樣的成語雖然是用來描述女性，也可以是中國文化中「食物色情」的表達。

　　如果說「食物色情」是視覺和味覺的結合，那麼「看」與「吃」是甚麼關係？語言學家們發現，視覺與味覺的感官動詞之詞義所延伸出來的隱喻概念（concept metaphor），它常常會成為語言系統中的兩個重要基礎。看或吃，原本只是單純地指代生理性的行為動詞，卻被社會賦予文化的屬性，即語義的文化延伸。比如將「看見」當作「理解」，即英文裏所說的「Understanding is seeing」，亦或「I see what you're saying」（我明白你在說甚麼）。也就是說，理解和思考作為目標都與「看」（see、look 或 outlook）這種視覺的意識經驗有關。作為吃之對象的食物，有時也會和思考、思維掛上鉤，譬如，我們會說「消化」（digest）某種意見或思想。但總體而言，視覺

的地位在西方哲學史上地位遠遠高於味覺。

這種認知取向源於古希臘哲學家柏拉圖（Plato）的知識論體系。柏拉圖在其感官理論學說中賦予視覺以重要地位，認為視覺有助於理智的發展。然而，這種視覺中心主義也導致對味覺、觸覺等感官感受的不屑一顧。譬如，在《蒂邁歐篇》（Timaeus）和《斐多篇》（Phaedo）中有關於感官的討論中，柏拉圖將來自胃口（appetite）的慾望比喻為肚腹裏一個時刻想征服理性的野獸，認為人類的食慾以及食物帶來的愉悅會干擾心智的活動。由此，柏拉圖把味覺的快樂看作是一個「偽快樂」，與來自心智的「真快樂」形成鮮明的對比。柏拉圖這些論點來自他的靈與肉的二元分離，即肉體與靈或心智相比，是屬於低層次的、非理性的部分。柏拉圖之後的哲學家如康德、叔本華都有類似的說法。當代西方女性主義批評家論述柏拉圖的思想時，會一針見血地指出，柏拉圖的哲學體系缺少兩大元素：食物和女人，也就是食和色。

其實，對視覺與聽覺的反思不僅表現在西方哲學體系中，在中國傳統思想中亦然。譬如老子認為，人們對他所說的「道」「視之不見」、「聽之不聞」，這裏的不見、不聞也預設了在一般知識論中將「看」和「聽」放在首要地位。但老子同時指出，對世界的真正認識，即他所說的「玄覽」是一種超越視覺經驗的認識論。老子用「玄覽」指出視覺認知的局限性，因為「視」不等於「見」，「聽」不等於「聞」。所以，在《老子·第四十章》中，我們看

到作者強調無論是從經驗層面上還是從感官中，人都無法直接地認知「道」的本質。然而老子又說「見解是光」；「見解」即洞察力。如此一來，感官的 sight（視）和超感官的 insight（見解）又被連接在一起。

值得注意的是，即便是比味覺高層次的視覺，也常常是哲學家懷疑的對象。從柏拉圖到當代法國哲學家和社會學家尚‧布西亞（Jean Baudrillard），我們一再被告誡：「你所看到的一切，有可能都是幻想。不是真實的存在」。到了今天的網絡數字時代，「虛擬真」更打破了傳統的視覺

味覺所帶給意識的感官愉悅和食慾的增強，往往會受到視覺和嗅覺的直接影響。

認知。甚麼是真實的呈現？你的視覺可靠嗎？這種懷疑論成為社會主流的思想。當然，在哲學家眼裏，懷疑固然不是一種愉悅的狀態，但不懷疑更是荒謬的事情。大家喜歡看《黑客帝國》（*The Matrix*）、《盜夢空間》（*Inception*）、《黑暗時刻》（*The Machinist*）這類好萊塢大片，恰恰反映我們對真與幻的相互交織的好奇和恐懼，甚至是對我們自身認知能力的疑慮。

在柏拉圖的筆下（如「洞喻」the Cave Allegory），我們就像洞穴裏的囚徒，看不到洞穴外的真實世界，只能感知洞穴牆壁上所呈現的幻影。在《擬仿與擬像》（*Simulacra and Simulation*）一書中，布西亞告訴我們，作為消費商品的當下的流行文化，都是無源之拷貝，都是擬仿（simulacra）與擬像（simulation）的產品。透過不斷的複製、抄襲、模擬、傳播，形成一個又一個的「虛擬真」，即「過度真實」（hyperreal）的幻想。顯然在布西亞看來，視覺中心主義值得懷疑，因為我們所確信的視覺感知，也有可能欺騙我們，就像那些精美的美食圖片。那麼，我們如何知道我們知道甚麼？

康德把知識分為兩大類：一類是先驗的（a priori）知識，即知識的來源不依賴於經驗，而來自理性的確認。譬如「所有的單身漢都是未婚的男人」或者「所有的三角形都是三條邊」。另一類是後驗的（a posteriori）知識即知識的來源依賴於經驗。譬如「朝天椒是辣的」或者「檸檬是黃色的」。顯然，味覺的知識是後驗的知識，所以人們

常說：「要知道李子的滋味，你必須親口嚐嚐。」我們對味覺的描述，如甜、酸、苦、辣、鹹只是一個簡單的舌頭的反應，然後透過意識傳達給我們的認知。至於如何體會「甜甜腥腥的」或是「鹹鹹潤潤的」，即帶有個人情感的味覺反應，那又是另一回事。至於觀念和思維如何從味覺中發展而來，這是品味專家討論的話題。

中國傳統中的「味」

值得提及的是，中國文化非常看重味覺的原初和奠基地位，重視從「口味」到「味」，再到「味無味」的審美經驗。譬如，「味」是老子道家哲學中的一個哲學範疇，是一個從生理感官發展到哲學的一個概念。提到「味道」，老子有著名的「味無味」的說法，另外還有「五色令人目盲，五音令人耳聾，五味令人口爽」（《老子‧第十二章》）。這裏，老子不是倡導禁慾主義思想，而是反對「過分」，即「過了頭」的經驗。味道太強，反而會摧毀味覺，就像中國古代的駢體文，有時作者過於裝飾雕琢，反而失去了其原想表達的意思。所以老子提倡「道之出言，淡兮其無味」（《老子‧第三十五章》）。道家認為，過分追尋味道的享用，最後反而味覺疲乏，食不知味。因此，尋求平衡適中，不但是老子的思想，也是後來道教養生的原則。也就是說，「無味」不是對「味」的否

定，而是追求另一種「味」。深受老子道家影響的唐代詩評家司空圖在《二十四詩品》提到「味外味」的概念，主張體驗「餘味」「韻味」「風味」的直觀感受。

臺中有家小有名氣的餐館，以「味無味」命名，一看就知是家走道家路線的小館。餐館主人的定義是「以老子的哲學打造的飲食空間」。食物講究自然、順時令、用在地。烹飪方法主張採低溫烹調、不用非自然添加調料。在他們的網頁上，我們能看到這樣一句話：「在優雅重生的歷史空間，讓人和食物、食器怡然對話，體驗自然養生飲食的人文、時尚和品味。」從老子的哲學來講，「味無味」就是體驗「淡」之味道。正如老子所說：「恬淡為上。」（《老子‧第三十一章》）。後來注釋《老子》的學者吳澄云：「恬者不歡愉，淡者不濃厚。」（《老子道德經注》）或許老子認為，吃的食物過於濃味（如酸、苦、甘、辛、鹹五個味覺材料，亦稱之為「五味」），感官愉悅的追求過於強烈，會影響一個人的思維和理智。或許，老子認為，「淡」是回歸人類感官的原初狀態。

實際上，中國的語言表達中，有許多與食物或味覺有關，像成語中的「別有風味」、「回味無窮」、「氣味相投」、「索然無味」、「別有滋味」、「意味深長」、「味同嚼蠟」等。還有我們會常常使用的歇後語，其中帶有食物的名稱或吃飯的姿態：「小蔥拌豆腐——一青二白」、「米粉炒海帶——黑白分明」、「吃香蕉剝了皮——吃裏扒外」、「吃着碗裏的看着鍋裏的——貪心不足」、「米湯鍋裏熬

芋頭——糊里糊塗」等等。用食物比喻人的表達法也不少，像說一個人性格懦弱，就用「菜包子」、「軟麵糰」；說一個人「刀子嘴、豆腐心」意指一個人嘴上厲害，但心腸軟；說一個人沉默寡言就用「悶葫蘆」等。還有以味覺作比喻的動詞，如「嚐盡了苦頭」、「啃書本」、「咬文嚼字」、「評頭品足」等。在這個意義上，思維可以是食物。

思維是食物

　　西方哲學家和語言學也說過：「思維是食物。」拉克夫（George Lakoff）和強生（Mark Johnson）在他們的暢銷書《我們賴以生存的隱喻》（*Metaphors We Live By*）中，為我們舉出一系列有關食物或吃與思維放在一起的常用語。譬如：That's food for thought.（那是思想的食糧。）Let that idea jell for a while.（讓那個想法凝固一下〔讓那個想法成型〕。）That idea has been fermenting for years.（那個想法已經發酵〔醞釀〕多年。）I just can't swallow that claim.（那個說法叫我嚥不下去〔無法接受〕。）拉克夫和強生皆為美國哲學家，同時研究認知語言學。他們強調概念譬喻立基於我們的身體體驗（包括味覺的體驗），並隱藏於我們的抽象思維之中。作者同時指出，無論我們是否意識到隱喻這個議題，概念譬喻都會在無意中塑造我們的世界觀。

《廚房裏的哲學家》（*The Philosopher in the Kitchen*）是法國 18 世紀的政治家兼美食家布里亞 - 薩瓦蘭（Jean Anthelme Brillat-Savarin，亦翻譯為莎沃南）的雜文集，主要講述美食背後的故事，文章充滿法式的幽默風趣。薩瓦蘭的人生經歷豐富多彩，是一般人難以想像的。他出生於法國貴族家庭，做過律師、政治家。後又流落到美國。在紐約的帕克劇院擔任首席小提琴手。除此之外，薩瓦蘭也是位沉浸於美食的專家，尤其是奶酪和甜品，他被後人尊稱為法國的美食教父。以他的名字命名的食品至今盛行，如薩瓦蘭奶酪、薩瓦蘭蛋糕。薩瓦蘭奶酪因其含奶油量超過 70% 而被稱為奶酪中的 foie gras（肥肝醬）。他曾說過：「沒有奶酪的甜品就像一位獨眼的美女。」

薩瓦蘭的他人生的最後二十五年是在巴黎度過的。在那裏，他繼續對美食與品味的研究，寫下他流傳後世的代表作《味覺生理學》（*Physiologie du Goût*），亦稱《超驗美食》（*Transcendental Gastronomy*）。作者用哲學家的眼光陳述味覺給人帶來的快感（當然有時也會有痛苦）。他認為，味覺作為我們諸多感覺之一，只要運用得當，就能為我們帶來極大的享受。譬如，飲食之樂，只要不過分，是唯一不會引起疲勞的快樂。另外，飲食之樂可以與其他享樂方式共存，亦可以彌補其他享樂方式的缺失。難怪這位美食家堅持認為，「與其他場合相比，餐桌的時光是最有趣的。」他強調，雖然味覺的感官功能不如視覺、聽覺那樣強大，同時也比較單一，但味覺的組合排序，會讓其

感覺變得豐富多彩，並逐漸培養人的敏感度和鑑賞力。

有意思的是，法國 19 世紀大文豪巴爾扎克（Honoré de Balzac）是薩瓦蘭的崇拜者。看到薩瓦蘭的《味覺生理學》，他就寫了本《婚姻生理學》（The Physiology of Marriage）。要知道巴爾扎克一向崇拜貴族，還花錢給自己買了一個貴族頭銜。因是薩瓦蘭的粉絲，巴爾扎克自告奮勇給他敬愛的導師寫傳記。當薩瓦蘭的食譜《好吃的哲學》再版時，巴爾扎克又為這本經典的食譜作序，題為〈偉大的肚子〉。當然，這裏不排除一個主要的原因，就是巴爾扎克也是個地道的吃貨，尤其喜歡薩瓦蘭筆下的美食。彷彿能夠品嚐這些美食，巴爾扎克就是真正的貴族了。如果去巴黎看到雕塑家羅丹為巴爾扎克打造的塑像，我們就知道巴爾扎克是個十足的大胖子。據說他一頓飯可以吃上百個牡蠣、十多個羊排，外加四瓶葡萄酒。巴爾扎克的一位好友這樣形容餐桌前的這位作家：「他的嘴唇顫抖着，眼中閃爍着快樂的光芒，雙手因為看到金字塔般的梨子或漂亮的桃子而顫動。」這段對迷戀食物者的精彩描述，來自法國女作家穆爾斯坦（Anka Muhlstein）的暢銷書，《巴爾扎克的煎蛋：與巴爾扎克一起遊覽法國的美食文化》（Balzac's Omelette）。

我們的舌頭通過與食物打交道，形成了實踐性的口感和習慣性的品味。反過來說，舌頭從觸覺到味覺的經驗也是食物之所以為食物的原初狀態。舌頭的「意向性」透過口感的產生，確立了一個屬於「我」的「知覺」、「擁有」

及「習慣」。17 世紀哲學家巴魯赫・斯賓諾莎（Baruch Spinoza，1632-1677）說過：慾望不是別的，恰恰是人的本質。人類對美味的渴求，是人的本質的充分反映。人在味覺的體驗過程中，湧動着一股勃發的生命沖力。

香港知名作家梁文道，研修哲學出身，也是一位地道的吃貨。他的《舌頭：味覺現象學》雜文集承繼了他一貫的飲食寫作：在幽默詼諧中，將輕鬆愉悅的美食話題與嚴肅認真的社會議題巧妙地結合起來，讓飲食作為一種文化現象，呈現它固有的文化特徵。梁文道並沒有在書中直接談及現象學，但他透過味覺，展示他對自己以及周圍事物的認知和思考。對食物的書寫，也是作者對他個體經驗的追憶與反思。

我們都熟知那句刻在德爾斐的阿波羅神廟中的古老聖諭：「認識你自己。」（Know thyself）是啊，認識我們自己。這句話被稱之為人類思想的永恆坐標，後來被古希臘哲學家蘇格拉底發揚光大，成為一個貫穿古今的至理名言。

有意思的是，布里亞－薩瓦蘭也為我們留下一句名言：「告訴我你吃甚麼樣的食物，我就知道你是甚麼樣的人。」

chapter

3

愛吃
的
中國人

飯可以當信仰吃

談過味覺的意義，我們現在透過吃的傳統審查一下美食在中華文化中的獨有地位。我們常說：中華民族是一個「吃的民族」。中國人愛吃、能吃、會吃舉世聞名。只有中國人能拍攝出《舌尖上的中國》這類大氣派的飲食系列文化片。古人道：「飲食男女，人之大慾存焉。」這句話顯然影響到了臺灣的電影導演李安。多少年過去了，他那部名為《飲食男女》的影片，依然魅力不減。用美食破解人生之謎，李安可謂玩得得心應手。讓我們看看影片那段著名的開場戲：導演透過男主老朱所展示的廚藝功夫，將各種美味的傳統佳餚赤裸裸地呈現在觀眾面前。可惜對着銀幕的觀眾，到頭來只有垂涎三尺，口水流成河的份。影片中所探討的當代人倫關係的變化都是透過「吃」的層面，一一展現在觀眾面前。幾年後，美國人推出一部「山寨版」的《飲食男女》（*Tortilla Soup*）。中國人換成了墨西哥裔美國人，中國大餐換成墨西哥大餐。不行啊，即便有「他可」、「達瑪雷斯」、「阿芙卡多牛油果醬」這類傳統墨西哥美食，還是與那些直接撞擊人的腸胃的中式佳餚沒得可比。顯然，中國美食性感多了。

毫無疑問，飲食文化在中國文化中舉足輕重。十個中國人九個好吃。傳統上，人們打招呼，都是問一句：「吃了沒有？」不少學者會說，問食飯否，是中國人以前缺食物，缺甚麼，就會問甚麼。但我覺得可以有不同的解釋：

我們在乎吃的問題，而問題的含義超出食為果腹的目的。像西方人「活着是為了吃，還是吃是為了活？」這種問題，在中國人看來，就是不值得一問的偽命題。要問中國人的核心價值是甚麼，我想「吃」會是其中的一條。婚喪嫁娶、紅白喜事，哪個不是以吃的場面為最終高潮的部分？難怪香港著名作家陶傑說，中國人還是處於「口腔期」。類似的話，臺灣毒嘴作家柏楊也有說過。不過，無論陶傑還是柏楊，用弗洛伊德的「口腔期」形容國人，顯然有自嘲的成分。還是內地學者萬建中在《中西飲食文化差異》一書中說得好：「中國飲食與國泰民安、文學藝術、人生境界、宗教信仰等都有千絲萬縷的聯繫，呈現出博大精深、源遠流長的特性。其魅力不僅在於食物本身，還表現為其具有無窮的文化和精神輻射力。」

北京作家王朔曾經說，對於國人，「信仰不能當飯吃；民主不能當飯吃」。然而，國人或許會說：「飯可以當信仰吃；飯可以吃出個民主的姿態。」中國式的大圓餐桌，加上一個大轉盤（美國人稱 lazy Susan），上面可以同時擺放着各種美食，食客們則在旋轉的美食中挑選自己喜愛的食物，這就是中國式的民主在餐桌上的體現。從另一個角度看，美食的呈現，宛如中國的傳統繪畫卷軸，它是「散點透視」、是去中心的再現。移動的轉盤，製造了移動視點，讓每一道菜自成中心。食客在旋轉的食物中，細緻觀察，然後品嚐，再為心儀的美食投下一票。

對於國人，真正趣事，就是從吃開始。當然也有好事

之徒，用美國心理學家馬斯洛（Abraham Maslow）的「需求金字塔」理論來攻擊國人對吃的偏好。馬斯洛認為人的需要可以分為不同的層次：由底層衣食住行的生理需求，到頂層自我實現的精神需求。按照這個理論，中國人對「吃」的需求停留在底層，說明他們的需求還未提升到精神的層面。我認為，這種解讀有些不妥，因為中國人所說的「吃」已經不僅僅是「搵食」、為腹而食，而是把「吃」看作禮樂文化的一部分，亦是生活藝術的一部分。同時，正如李安的電影所呈現的那樣，吃在中國傳統中是人倫關係的紐帶。

吃的大傳統： 從先秦到唐代

食色性也 —— 中國的哲人是如此的直言坦蕩。「食慾」和「思慾」直接掛鉤，這是中國文化獨有的語藝。《禮記‧禮運》中一句「夫禮之初，始諸飲食」，就把吃飯和人的德行結合在一起。根據《禮記》的記載，原始社會的先民把黍米和豬肉砍塊放在燒石烤燒，再奉上酒，以此祭奠鬼神。隨着人文意識的發展，食禮從人與神的關係發展為人與人的關係，「吃」成為人們相互交流情感的主要方式。

讓我們再看先秦的哲人與食物的關係。孔子說「食不厭精，膾不厭細」，這常常被現代人看作「孔子食道」的

摹本。但也有學者認為，孔子這裏主要講的是祭祀，而不是一般意義上的烹飪。孟子認為「君子遠庖廚」，但擺在餐桌上的肉食孟大人還是可以享用的。孟子又說：「數罟不入洿池，魚鱉不可勝食。」可見孟子沒少吃魚鱉之類的鮮物。《荀子》裏提到，人的生性就是「口好之五味」、「口好味」。這種關於吃的說法，體現了先秦儒家文化對飲食的看法。

老子大談治國之術，也沒有忘記「烹小鮮」的功夫。在《道德經》中，雖然「五味令人口爽」的「爽」字意指「讓味覺錯亂」，但老子那句著名的「治國如烹小鮮」的道家政治哲學，還是基於烹飪的比喻，也激發人們對老子「理想國」的「色、香、味、形」的想像。莊子更是把屠夫解牛的過程，描述為猶如「桑林之舞」一般的優美。道家／道教談養生之術，論食療之法，這可是中國人獨有的飲食密碼。道教強調飲食養生，將醫學的「藥」分為上藥、中藥和下藥，食物被看作帶有「食療法」的中藥。根據陰陽五行的說法，道教還將穀物、獸類、蔬菜、水果分類，故有了「五穀」、「五肉」、「五菜」、「五果」的模式。道教認為，進食要與自然的節奏同步，春夏秋冬、朝夕晦明要吃不同特性的食物。

魏晉時期的名士「竹林七賢」，因為受到老莊和道教的影響，崇尚在撫琴作詩中品嚐美食好酒。「七賢」包括嵇康、阮籍、山濤、向秀、劉伶、王戎及阮咸。他們經常聚在當時的山陽縣（今河南修武一帶）竹林之下，肆意酣

暢，相互彈奏古曲，寄情於山水。說到竹林七賢，就不能不提到酒。當時，曹操有禁酒令，但在魏晉時期的士族和百姓都沒有真正地禁酒。在七賢中，大多是飲君子。阮籍有《詠懷》組詩與琴曲《酒狂》的陪伴；豪飲一哥劉伶更是寫下《酒德頌》，被後人艷傳。相比之下，還是嵇康有節制，與友人相聚時，小酌怡情。嵇康畢竟是養生的倡導者，沉醉於「游山澤，觀魚鳥，心甚樂」。對竹林七賢而言，人生有美酒和音樂相伴，「濁酒一杯，彈瑟一曲」，足矣。魏晉時期的竹林七賢的飲酒清談加之松木烤羊，更是中國文人史上的佳話。

因為有阮籍、劉伶這類風流之士，魏晉名士常常被今人冠以「道家嬉皮士」（Daoist Hippies）的雅號。新儒家學者牟宗三對竹林七賢也是倍加讚賞：「名士者，清逸之氣也。風流者，如風之飄，如水之流，不主故常，而以自在適性為主。故不着一字，盡得風流。」（牟宗三：《才性與玄理》）的確，魏晉名士超然物外，不附權貴，追求自由。因為他們，中國歷史上出現了一個最濃郁熱情的時代。當然，竹林七賢的超然物外的「物」，意指官位、名譽，與美食美酒相關的「物」絕不拒絕。飲酒清談加之松木烤羊，是竹林七賢的專利。除了豪飲狂嚼，竹林名士時不時還會來點五石散（道教丹藥，主要由五種藥材做成），吃後全身燥熱，要用冷水降溫，然後大叫：「爽、爽、爽！」（據說美國上世紀 60 年代嬉皮士發明的 cool 一詞，與竹林七賢有關）。因為吃五石散，加之飲酒，名

士們喜歡穿寬鬆飄逸的長袍，以免擦傷發燙的肌膚。

　　唐代盛行魚獵之風，形成當時一道名菜，「切鱠」，類似我們今天所說的生魚片。其實生魚片並非唐朝才有，因為早在周朝就已有吃生魚片的記載。所謂「飲御諸友，炰鱉膾鯉」中的「膾鯉」指的就是生鯉魚。唐人在食用魚鱠上又發明了許多新的吃法。首先，是豐富了食材，如鱸魚、鯉魚、魴魚、鯿魚、鯽魚。現在日式生魚片料理，會有芥末和醬油作為調料。唐代的調料，除了芥末之外，還有一種稱之為「橘」的東西，其味道酸甜，類似檸檬。所以白居易寫下「果擘洞庭橘，膾切天池鱗」的詩句。另外，唐朝是文化多元的時代，思想上有儒釋道，還有從西域外來的基督教聶斯脫里派的「景教」。政治上的多元表現在外族人可以考科舉，當時在唐朝做官的外國人多達三千人。這樣的文化氣氛，形成唐人的文化混搭，也影響到人們的飲食風俗。唐人好胡食，「胡」即外來的、外國的。譬如胡餅，亦稱爐餅或麻餅。白居易有「胡麻餅樣學京都，麵脆油香新出爐」的詩句。還有用胡麻油製作的胡麻飯，也稱「神仙飯」，是唐代仙道文化和外來文化有機的結合。另外，大量的水果蔬菜，還有烤肉的製作方法都與「胡」字相關，崇胡媚外，是唐代飲食的特色。

從「美食烹飪」到「美食食譜」

隨着農業生產力提高和商業發展的成熟，宋代的飲食文化達到嶄新的高峰。首先是食物種類的繁多，從各類小吃到不同口味的火腿。二是開始了「一日三餐」的制度，在此之前，是「一日二餐」。三是城市居民出現了下館子、叫外賣的習俗。「處處各有茶坊、酒肆、麵店、果子、油醬、食米、下飯魚肉、鮝臘等鋪」（宋吳自牧撰《夢粱錄》）。不得不說，宋人在飲食方面富於想像、新意迭出。舉世聞名的《清明上河圖》就向我們展示了形形色色的宋代美食小吃店，而且還有我們今天流行的「外賣」呢。「美食」的概念也由此被強化。另一方面，宋代發達的士大夫文化講究文雅蘊藉的姿態，直接反映在飲食之道上。

對於宋代的文人們來說，飲食不僅能滿足口腹之慾，而且是一種藝術、一種精神層面的追求。從蘇軾、歐陽修、黃庭堅到陸游、范成大都是知名的美食家。名氣最大當屬東坡先生蘇軾以及他那道永遠會讓食肉者垂涎三尺的「東坡肉」。蘇軾的大弟子黃庭堅（號山谷）也有關於飲食的妙論，認為人在食物面前要觀想、思考，才可以掌握味覺的本質。黃庭堅的《煎茶賦》是宋代士大夫煎茶、品茶的代表之作。陸游大部分時間都是在顛沛流離中，但這不妨礙他對美食的不懈追求。陸游的《洞庭春色》有這樣一段詩句：「人間定無可意，怎換得玉膾絲蓴。」這裏的

「膾」是切成薄片的魚片;「虀」就是切碎了的醃菜或醬菜,「金虀玉膾」即以白色的鱸魚為主料,拌以切細的色澤金黃的花葉菜。故有學者指出,「士大夫的飲食文化是中國飲食文化精華之所在。」(王學泰:《中國飲食文化史》)。

美國食物歷史學家邁克‧弗里曼(Michael Freeman)在其研究中華食物發展史中指出,在中華烹飪史上「美食烹飪」(cuisine)這個概念始於宋代。它的形成不是某一個地域的食物及做法,而是不同食物及烹飪技術的集大成。如烹、煮、烤、爆、溜、炒、煨、蒸、滷、燉、臘、蜜、蔥拔、酒、凍、簽、醃、托、兜等數十種的技術。「美食烹飪」的特點是,它讓儀式性的事物變為審美性的事物。(弗里曼〈宋代烹飪〉載於 K. C. Chang 編輯的 *Food in Chinese Culture*)。另一位美國漢學家安德森(Eugene N. Anderson)在其《中國食物》(*The Food of China*)一書中說到:「中國偉大的烹調法也產生於宋朝。唐朝食物很簡樸,但到宋朝晚期,一種具有地方特色的精緻烹調法已被充分確證。地方鄉紳的興起推動了食物的考究:宮廷御宴奢華如故,但卻不如商人和地方精英的飲食富有創意。」(吳鉤:〈舌尖上的宋朝〉)。難怪有人說,吃貨都在嚮往宋代的滋味。

素食店宋代就有,到了明朝更為流行,大概是受佛教的影響。由於佛教強調不殺生,長期堅持吃素的風氣在廣大信眾中被接受,並逐漸流行於社會,給素食打開了想像的空間。宋人崇尚牡丹花,不但花色艷麗,而且帶有美妙

的口感。「油炸牡丹花瓣」是宋代廣為流行的素食。這道素食與其他類似的素食，如炸玉蘭、炸芍藥都被列在素膳的食譜上。明人高濂在《野蔬品》一書中，描述如何將牡丹花加入醋、白糖、甘草末等作為涼拌菜，即「生菜」。

當然，明代也不是人人都信佛、都食素。宋人奢華的風氣在明朝也有保存，像魚翅、燕窩這樣的稀有食材，被認為是豪華餐宴的上品。尤其是晚明時期，飲食消費的奢華是文人品味和商業品味的綜合體。明人謝肇淛所撰的《五雜俎》，用「筆記」的書寫形式，描述了當時社會（福建一帶）富家巨室在飲食上的奢侈之風。明末的風流才子張岱能寫一手漂亮的文章，同時被看作明代「最會吃的人」。他善於吃蟹、善於寫蟹，他的《陶庵夢憶‧蟹會》隨筆，依然令現代人津津樂道。張岱談到如何品味河蟹，不用鹽、醋等調料，而是吃原汁原味。以蟹黃為中心，層層剝開，細細品嘗，建立多層次的味覺組合。吃好了，還要假裝自責一下：「酒醉飯飽，慚愧慚愧。」饕餮客讀到此處，有幾個能不流口水的呢？

雖然宋明理學高舉「存天理，滅人慾」的大旗，卻無法阻擋人們對美食的嚮往。就連理學大師朱熹，也是茶油拌麵不離手，何況他的家鄉福建尤溪，是著名的美食之鄉。明代的道德法規最嚴苛的時候，也正是情色文學最流行的時候。明代有一個有趣的現象，就是食譜的盛行。這除了人們對美食的需求增加，也與印刷技術的發展有關。實際上，兩漢及魏晉南北朝已有不少「食經」、「食

中國人所說的「吃」已經不僅僅是「搵食」、為腹而食，它還是禮樂文化、生活藝術的一部分，是人倫關係的紐帶。

方」、「食法」一類的烹飪著作，可惜大多早已失傳。明代的飲膳書籍可以分為幾大類：一類為百科全書式日用手冊，這裏書籍通常沒有作者署名，或假借名人，如《便民圖纂》、《古今秘苑》。還有一類是文人所著的以養生或尊生為主題的書，如周履靖的《群物奇制》、李漁的《閒情偶寄》。以上兩類涵蓋的內容包容萬象，飲食是其中的一部分。再一類是純粹的食譜類書籍，如韓奕的《易牙遺志》、宋詡《宋氏養生部》、劉基《多能鄙事》、龍遵敘的《飲食紳言》、高濂的《遵生八牋》。《易牙遺志》中有一道糯米釀肚子的名菜；《宋氏養生部》中有牛肉麵和羊肉麵的製作秘方，《飲食紳言》（亦稱《食色紳言》）則提倡少食，反對奢靡之風。《遵生八牋》打着「調攝養生」的大旗，提倡食療的重要性。

至於清代的美食以及味覺風尚，一定離不開眾所周知的「滿漢全席」。所謂「全席」，是個奢華套餐，分為六宴：蒙古親藩宴、廷臣宴、萬壽宴、千叟宴、九白宴和節令宴。菜品包括主題立擺、特色花拼、餑餑桌子、進門點心、迎客茶、果桌、冷葷冷碟、宮廷奶茶、四大件、四行件、二燒烤、四燒碟、拴腰點心、三清茶、二甜品、六座底、一湯品、一粥品、麵點餑餑、送客茶。所謂「滿漢」，意指漢族膳食中帶有滿族文化的特徵，用現在時髦的術語就是一種 fusion，即混搭。其實，滿人有名的是小吃，或稱作「打小尖」。像黃粉餃、炸糕、芸豆卷、驢打滾、艾窩窩、豌豆黃等，這些被今天的北京人稱作「點

心」的小吃仍然是京味糕點的符號。至於烤肉之類的料理基本是受蒙古族膳食的影響。雖說古代就有所謂的「暖鍋」或「古董羹」，但「火鍋」或「打邊爐」的流行還是從清初開始的。從宮廷到民間，都有吃「火鍋」的習慣。有錢人家，「火鍋」以肉食為主，像羊肉、野雞。

　　說到清代的美食，當然少不了提到美食大家袁枚（號隨園老人）和他的《隨園食單》。這一食單，無疑是對理學的挑戰。袁枚首先指出飲食藝術的重要性：「人莫不飲食也，鮮能知味也。」食單分為 14 類：須知單、戒單、海鮮單、江鮮單、特牲單、雜牲單、羽族單、水族有鱗單、水族無鱗單、雜素菜單、小菜單、點心單、飯粥單和茶酒單，收錄食譜三百餘條。顯然，袁枚的美食指南包括前朝的各類佳餚。但與蘇東坡不同，袁枚只是談美食，並沒有自己動手，雖然他在每一單的名目下，都有一小段說明該單要旨的小序。不過，他會時常下廚房，觀看廚師如何燒菜。作為文人，袁枚對於飲食的氛圍也是極有研究的，客人的飯席均是安排在隨園景觀最好的地方，如亭榭假山旁，流水曲岩邊，還安排家中侍女為之唱歌跳舞。隨着隨園飯局的炒熱，袁枚的知名度也急劇上升，他開始擴大經營範圍，在園內售賣《隨園食單》。有人說，袁枚是用文學家的身份炒作自己，或許有這個因素。但無論如何，《隨園食單》成為中國飲食歷史上的被公認的文人「食經」，其最大價值並不在於它所呈現的飲膳及烹調主張，而是它所蘊藏的中國傳統文人的生活美學。作者藉着介紹

美食，談論政治、文學、藝術及人生哲學。中國文人不但喜歡借景抒情，還可以借美食論理。

吃背後的哲學觀

我在這裏列舉了這麼多的中華美食的例子（當然，這個「中華」是文化概念，不僅僅是民族概念），而且毫無羞恥地炫耀我們的口腹之慾。德國人類文化學者尤利克·托克斯多夫（Ulrich Tolksdorf）曾說：「在需求與滿足之間，人類確立了一整套饌食文化體系，人類滿足感官需求的方法，幾乎清一色是傳承而來。換言之，是透過文化習得的。」（尤利克·托克斯多夫：《美國對菲利賓食物的影響》）必須承認的是，美食對日常生活的滲透，逐漸形成了整個文化中的「集體無意識」（collective unconscious）。這個集體的迷思，對中國人來說，就是離不開關乎吃的議題。清代印製的明代著名食譜《多能鄙事》之序有言：飲膳技藝「皆切於民生日用之常，不可一缺，事雖微而繫甚大」。林語堂曾經說：在中國人看來，一個飽食的胃，瀰漫和輻射着一種幸福，而這個幸福亦是屬於心靈的。（林語堂：《生活的藝術》）

我前面提及西方哲學家在味覺上的偏見，這裏再拉回到這個問題。中西對飲食的不同看法，實質上有哲學上的特殊意義。說得具體一點就是，中西對人的身體持有不

同的看法。與西方傳統的二元論不同，中國哲學沒有把肉體和心靈、物質和精神對立起來。換言之，我們沒有像柏拉圖那樣，把身體看作是非理性的，是純粹心智發展的障礙。中國思想中的「心」既是肉身的，也是精神的。因此英文把「心」這個字翻譯成 heart 或 mind 都不完整，不得不發明一個新詞 heart-mind，來對應中文中「心」的概念。

如果人的食慾和味覺是身體感官經驗的一部分，那麼這個身體經驗也是認識世界和認識人自身的一部分。這種認識論是具體的、身體的、知覺的。中文中有一系列與認識論相關的概念都帶有身體的層面，如體驗、體察、體認、體會。如果把這樣的概念翻成英文，很難譯出它們原本的含義。再有，中國人對食物的快樂來自口腹的直接經驗，而無須去考慮和分析食物的卡路里。如果一定要有分析，那也是後置的，而不是在經驗之前的判斷。

19 世紀的英國哲學家米爾（John Stuart Mill，1806-1873）是哲學史上「效益主義」（Utilitarianism）代表人物。米爾將人的快樂分為兩類：一是精神的，二是肉體的。他認為二者的區別在於前者涉及智能或想像，後者則不然。因此米爾把快樂貼上「高等」和「低等」的標籤。顯然，這裏的高低之別不是指滿足感之多寡，而是指享受在素質上的落差。按照米爾的邏輯去看，美食和味覺給人所帶來的快樂一定是肉體的、是低素質的。但這個結論的前提是：精神和肉體是分離的、甚至是對立的。然而，西方思想家中也有反對這種二元思維的，他們主張的是哲學的

「身體的轉向」。關於這一點，在後文單獨有一章具體說明。中國文化中，沒有對身體的拋棄，所以也不需要甚麼身體轉向。「民以食為天，食以味為先」的說法，真實地反映了中國哲學最直白的思維模式。飲食是身體的需要，是精神的需要，亦是審美的需要。

《滋味人生》的作者陳立先生是位資深的美食家，他本人也是位心理學教授。他認為，「品味」的背後是「品格」。這個「格」就是人的性格，也就是說，我們吃甚麼，怎麼吃，和一個人性格的構成有關。

薩瓦蘭有句著名的雷人之語：「國家的命運取決於人民吃甚麼樣的飯。」想想陳立老先生的觀點，我們大概知道如何詮釋薩瓦蘭這句話。

chapter

4

我吃

故

我思

······

對「我思故我在」的挑戰

幾年前，一本由英國哲普作家朱利安‧巴吉尼（Julian Baggini）所寫的《吃的美德：餐桌上的哲學思考》（*The Virtues of the Table*）的出版，引發世人對飲食文化與哲學思考的聯想。飲食和美德有甚麼關係？有沒有所謂的食物之哲學？對於巴吉尼來說，答案是肯定的。而他的熱心讀者，則把他的書稱之為飲食領域「食物之哲學」（philosophy of food）的一次「啟蒙運動」。手捧着巴吉尼的大作，人們開始大談如何飲食、如何思考的問題。

17 世紀法國哲學家勒內‧笛卡爾（René Descartes）有句名言：「我思故我在」（Cogito, ergo sum; I think, therefore I am）。這個警句常常被人拿過來隨意篡改，以表達現代人的心聲。像存在主義哲學中的「我反抗故我在」（（I revolt, therefore I am）；商業文化中的「我消費故我在」（（I consume, therefore I am）；網絡時代的「我上網故我在」（I surf, therefore I am）；蘋果手機的 I-phone, therefore I am。還有就是與我們的話題有關聯的「我吃故我在」（I eat, therefore I am）。臺灣歌手周華健有一首歌曲，名字就是《我吃故我在》，其中有個重複的唱句：「今晚吃甚麼？今晚、今晚吃甚麼？」這首歌表達了現代都市人的一種無聊和寂寞，故人情冷暖只剩下廉價的幽默。再無奈，也只能是「假裝很可愛，讓我內心澎湃。到頭來不過我吃故我在」。

其實，很多人都誤解了笛卡爾「我思故我在」的原意，以為笛卡爾在說：我在思考，如果能思考的東西都是存在，所以我當然存在。然而，笛卡爾的這句話是針對他所生活的、懷疑主義當道的年代。那時，不少哲學家提出懷疑一切的思想，其中也包括對上帝存在的懷疑。如法國另一位啟蒙時代的哲學家蒙田（Michel de Montaigne，1533-1592），他常常問自己：我究竟能夠知道甚麼。最終，蒙田也未能解決這個問題。面對形形色色的懷疑論，笛卡爾說：我可以懷疑一切，但我又如何懷疑我正在懷疑呢？也就是說，我總不能懷疑我在思考吧？所以，我也不能懷疑正在思考的「我」的存在。笛卡爾不會懷疑自己在思考，那麼他會不會懷疑自己在品嚐美味的海鮮？當然，有後人指責笛卡爾的這個論斷將人的理性思維凌駕在肉體之上，即「思」先於「在」，這是身心二元分離的典型。但如果我們仔細閱讀笛卡爾的思想，我們會發現他也沒有完全否認肉體的感覺在認知中的作用。譬如，患有糖尿病的人會經常有口渴的感覺；患有色盲的人會對某種顏色分別不清。儘管如此，笛卡爾堅持認為，人的判斷方式是理性和思考。

讓我們重新回到「我吃故我在」的命題。前面提到過的法國美食教父薩瓦蘭是提出「我吃故我在」的第一人。這句話可以理解為，一個人吃甚麼樣的食物就會成為甚麼樣的人，即你所吃的東西造就了你，或是，甚麼樣的人就會吃甚麼樣的食物。反正不是「人造就食物」就是「食

物造就人」。前者給人自由意志，而後者有點宿命論的意味。薩瓦蘭的思想影響了後來許多的美食家。譬如，《紐約時報》的美食專欄作家馬克・畢特曼（Mark Bittman）曾經介紹自己如何從寫美食的文人轉變為親手做美食的大廚。畢特曼用自己的親身經歷向人們說明，走進廚房，親手燒菜，能夠讓人重新思考飲食為何物這個問題，同時反思我們與食物的關係。我們透過「吃」之前的參與活動，重新感受「吃」這個經驗，也會重新考慮我們「吃」這個行為會給社會帶來甚麼影響。畢特曼後來成為一位環保運動的積極分子，呼籲人們多吃在地食材，保護地球，保育我們居住的環境。

拋棄「身體」的「思」

如果說「我吃故我在」的重心還是在吃上，那麼「我吃故我思」是將「思」納入「吃」的框架。說到這裏，我要向大家介紹一本書，出版於 2014 年的《我吃故我思——食物與哲學》（*I Eat, Therefore I Think: Food and Philosophy*），作者是雷蒙德・布依福特（Raymond D. Boisvert），一位在紐約州一間大學教授哲學的教授。他的《我吃故我思》是目前在哲學與食物對談這個話題中最有哲學色彩的作品。作者認為，飲食是人類的基本生理需求，故與人的一生關係密切。然而我們對飲食的

哲學解讀，首先建立在對哲學的定義。古希臘傳統中的 philosopher（哲學家）即「愛智者」。布依福特發問：愛智為甚麼只有心智，而要拋棄身體呢？ 然後他詼諧地指出，不喜歡食物的哲學家其實並不多。但當他們酒足飯飽後，進入到冥思之時，所有的關於食物的經驗早已拋擲腦後。因為在他們眼裏，那些事情不足掛齒。譬如柏拉圖的大弟子亞里士多德（Aristotle），後人都認為他比他的老師柏拉圖要接地氣，畢竟他對形下學比對形上學有興趣，而且認識到人的健全體魄，有賴於均衡的膳食。亞里士多德在《論問題》中認為音樂的過八度音階特別和諧，但音樂畢竟還是「模仿」與「情感表達」，所以音樂如同烹飪，都不適合放在美學教育的主要位置，畢竟他的哲學概念是存理去情。布依福特還舉了德國哲學家叔本華的例子。在討論藝術鑑賞時，叔本華大讚歐洲傳統的靜物畫，但他把所有與食物有關的靜物畫從他的藝術對象中分離出去。在叔本華看來，以食物為對象的靜物畫是低俗的東西，正如他把味覺的經驗看成是低下的東西。

說到叔本華，讓我想到英國大哲學家伯特蘭・羅素（Bertrand Russell，1872-1970）以及他對這位德國同行的嘲諷。羅素在他的《西洋哲學史》中有這樣一段描述：「叔本華習慣享用美食，到好餐館用餐。他有很多小戀曲，都是肉慾而非情感的：他非常好辯，而且貪婪無厭。」在羅素看來，叔本華是典型的偽君子，他在理論上排斥食色（美食和肉慾），而個人的行為卻與之相反。波伊斯威爾

雖然哲學家喜歡談論「to be or not to be」（生存還是死亡）這類的本體論問題，但我們日常生活更多的是遇到「to eat or not to eat」（吃還是不吃）這樣的實際問題。

特大概也是與羅素相似的觀點，但他認為叔本華並不是個案，在他的背後是哲學大傳統對人的食色之慾望的否定。他們認為，從人的口味到器官中的胃，都是對理智的干擾，因此需要大加防範。

然而，美國美學家喬治‧桑塔亞納（George Santayana，1863-1952）有句話說得好：哲學家也好，詩人也罷，光靠吃書本還是要挨餓的。所以，休謨最終被他的經驗主義所拯救。他在晚年沉醉於廚藝，並毫無保留地向他的朋友們展現他所創造的美食。在西方哲學史上，做過廚師的哲學家沒幾個，如果休謨算半個，另一個也就是古希臘蘇格拉底的弟子，但後來又華麗轉身，成為享樂主義創始人的阿瑞斯提普斯（Aristippus，公元前435- 前356）。阿瑞斯提普斯認為人生除了追求真理，還應追求快樂，例如滿足感官慾求，享受美酒佳餚。在柏拉圖筆下，蘇格拉底喜歡飲酒，但從不醉酒。阿瑞斯提普斯同意他老師的節制態度，但認為對真理的追求應該建立在追求快樂的基礎上。他的人生哲學直截了當：好好睡覺休息，享用美食好酒。

當然，哲學家裏對食物無感的人也不少。誰都知道奧裔英籍哲學家路德維格‧維特根斯坦（Ludwig Wittgenstein，1889-1951）有驚人的記憶力，但他卻記不住自己每天都吃了甚麼。雖然出身豪門之家，維特根斯坦卻長期過着苦行僧般的生活。對他來說，最主要的食物就是蛋粉。他的晚餐也常常是只吃一樣東西——豬肉

派。還有法國存在主義哲學家讓－保羅・薩特（Jean-Paul Sartre），他常常抱怨會做「被龍蝦追殺」的噩夢，但他的嘴巴從來就沒有清閒過，不是叼着個雪茄，就是舔着啤酒瓶。他有時也會來點紅腸加酸菜，配上啤酒。薩特的名言是：「存在先於本質。」但他對於肉類食物的「存在」到底是屬於「自在之在」還是屬於「自為之在」並沒有清楚的界定。

其實，對食物真正具有恐懼感的當屬數學家、邏輯學家和哲學家哥德爾（Kurt F. Gödel，1906-1978）。哥德爾出生在奧匈帝國，後移民美國，在普林斯頓擔任研究員。哥德爾是數理邏輯領域之中現代、後設數學時代的重要奠基者。他把數學與柏拉圖的哲學結合起來，構建了一個「數學柏拉圖主義」（mathematical Platonism）。不知是否受到柏拉圖的影響，哥德爾對食物的慾望嗤之以鼻，有一段時間，由於精神妄想症的折磨，哥德爾到了拒絕進食的地步，常常只靠嬰兒食品過活。最後，由於總是懷疑有人會在食物中放毒，哥德爾只吃他太太給他的食物。有幾天，太太因病住院，不能給哥德爾做飯，他最後居然餓死在家中。這是一位天才哲學家奇特的故事。哥德爾與愛因斯坦是好友，兩人相互欣賞，可惜哥德爾沒有愛因斯坦天生樂觀外向的性格，他的數學柏拉圖主義的形上學也未能最終拯救他的精神。

　　《我吃故我思》一書為我們提供一次餐桌上哲思的機
會。可惜的是，由於學術氣味過於濃厚，這本書沒有受
到應有的重視。現在市面上有關食物哲學的書不少，但
大多都是打着哲學的幌子談食物，最多加上幾個懂哲學
的吃貨，並非真正地談論哲學。但《我吃故我思》的作
者的確是在寫哲學，而且大概是寫食物哲學上癮，幾年
後又與另一位學者麗薩・赫爾德克（Lisa M. Heldke）出
版了一本書，名為《餐桌上的哲學家——食物與人類》
（*Philosophers at Table: On Food and Being Human*）。作者
認為，人活着就不能離開飲食的問題。人生哲學，不能離
開人的胃談人生。

　　雖然哲學家喜歡談論「to be or not to be」（生存還是
死亡）這類的本體論問題，但我們日常生活更多的是遇
到「to eat or not to eat」（吃還是不吃）這樣的實際問題。
不僅如此，作者將「吃」納入哲學的首要議題，認為沒有
比「飲食」這個行為更值得哲學的思考和分解。換言之，
哲學關乎的不僅僅是我們的「思維」，還應該包括我們的
「胃」。此外，我們與食物的關係也是至關重要的話題，
因為這個關係直接影響我們對「自我」認知的構建。我們
平時也可以透過文學、歷史、神話以及電影，確認食物與
我們的聯繫，以及我們與他人的聯繫。

　　布依福特舉了一部丹麥電影的例子給我的印象極深，

《芭比特的盛宴》（*Babette's Feast*）。這部影片獲得 1988 年奧斯卡最佳外語片，我曾看過多遍。它可以同李安的《飲食男女》一起看，然後做個對比。都是透過食物展示慾望、焦慮、人倫、希望與愛的主題，但兩者有不同的文化層面：一個是宗教的、一個是家庭的。《芭比特的盛宴》的故事背景是 19 世紀末的丹麥，一個沿海的小村莊，一個清教徒的家庭，兩姊妹，加上一個嚴苛的牧師父親。村民們每日都是過着苦行僧的日子。穿的是粗布黑衣，吃的是海邊捕獵的魚以及用乾硬的麵包做成的麵糊。唯一的快樂是安息日大家聚集在一起，唱「耶路撒冷，甜美家鄉，我心饗往」。多年後，兩姊妹的家中多了一名善於料理的法籍女傭芭比特。有一次，芭比特中了彩票，於是說要離開小村。臨行前，她提出一個建議：她想要替村裏所有的人做一個正式的法式饗宴，並以此祭奠已經離世的兩姊妹的牧師父親。宴會那天，芭比特真的為大家準備一桌子讓人暈眩的美食。對於平常只吃最簡單的、能夠填飽肚子的食物的村民來講，這場盛宴遠遠超出他們的想像。宴席上，平時在教會的各種惡鬥與恩怨忽然不見了，大家快樂地感受着從未有過的美妙的味覺經驗。他們不時地高舉酒杯，相互祝福。感謝神的恩典，感謝鄰舍的相互陪伴。吃飽喝足，大家最後在井邊手牽着手，高唱聖歌。當村民準備歡送芭比特離開返鄉時，芭比特卻說她不走了，因為她把中彩贏來的全部資金都花在了這場盛宴上了。

《芭比特的盛宴》不只是美食的故事。它讓我們懂

得，食物是藝術，也是聯絡人與人情感的紐帶。美食是物質的、又是精神的。正如影片所展示的那樣，芭比特的餐桌，讓每位用餐者體驗到了天堂的味道。美食是一種饋贈，懂得美食的人，擁有了進入天堂的金鑰匙。

「吃書」的感覺

《餐桌上的哲學家》與英國作家朱立安・巴吉尼（Julian Baggini）所寫的《吃的美德：餐桌上的哲學思考》（*The Virtues of the Table*）有交叉的主題，但顯然沒有後者暢銷。不能不說，巴吉尼 的寫作手法更接地氣、文風看上去也更有趣味。讀巴吉尼的書，給人一種要去「吃書」的感覺，因為每個故事都可以被想像為一道美食。讀者被書中的情節引導，進入一個採買食材、烹調、吃的旅程。這點很像《舌尖上的中國》的拍攝手法，影片的畫面並不在最後的吃，而是從食材的採集開始。所以，飲食的藝術大於吃本身，吃的「前戲」在某種意義上更為關鍵。

在食材的選擇上，巴吉尼堅持「在地」、「當季」和「有機」這三項原則。在烹飪的技巧上，他提出幾個現代人常常碰到的問題：如何承繼傳統的烹調概念？甚麼是實踐智慧？如何看待高科技對烹飪技術的影響？書的最後一部分是討論吃的問題。作者以自助餐為實例，提出 not eating 和 eating 的問題。其實，巴吉尼在這裏是探討

倫理學的問題，譬如，如何有道德責任地去「飲食」。最後，作者提出，「飲食即藝術」、「飲食即美德」，因為飲食不單只有餐盤上的東西，還牽涉到背後的故事和人物，以及我們對事物的審美經驗。英國作家奧斯卡‧王爾德（Oscar Wilde，1854-1900）說過：我討厭那些對美食不認真的人，他們都是膚淺的。（Oscar Wilde: *The Importance of Being Earnest*）王爾德的話說得有點誇張，但反映了他對吃的熱衷程度。世人皆知，王爾德——一位浪漫風流的男人，愛美裝也愛美食。

與布依福特的《我吃故我思》相對應，美國記者及編輯出身的作家馬丁‧科恩（Martin Cohen）也寫了本書，題為《我思故我吃》（*I think, therefore I eat*）。作者用幽默的手法一方面敘述哲學家與食物的關係，另一方面描述當代的各種飲食風尚。《我思故我吃》表面上寫美食，實際上屬於「自我發現」（self-discovery）類的書籍。每個食客，都可以是自己心靈的導師，在飲食中，透過身體經驗響應自己的精神召喚，發現自己的人生意義。也就是說，作者透過對美食的探討，剖析各種選擇的幻象，最後回答「我是誰？」的哲學命題。

首先，如何定義食物就不是一件容易之事，譬如醫生和營養學家的意見就不一致。食物的問題好比「房間裏的大象」，似乎「顯而易見」，但又常常被世人忽視，或者有意避開不談。科恩則認為，哲學家應是「原始的美食家」（the original foodies），因為他們對健康食物有着敏

感和嚴格的定義。他在書中列出多位西方的思想家和他們對事物的態度，如休謨、洛克、尼采、馬克思、薩特、維特根斯坦等。作者還引用德國著名劇作家貝托爾特·布萊希特（Bertolt Brecht，1898-1956）在《三便士歌劇》（*The Threepenny Opera*）的一句台詞：「先有食物，後有道德。」

但在實際生活中，我們有時會顛倒布萊希特的斷言，即「先有道德，後有食物」。譬如，有些素食主義者認為食肉不道德，因為這個行為與虐待動物有關。當然，也有素食主義者的素食行為源於健康的考量。至於食物與營養，科恩說了一句話，頗有中國傳統「食療」養生學的味道：「讓你的食物成為你的藥；你的藥成為你的食物。」一位書評者這樣寫道：看過科恩的書，無論你是美食家、烹飪愛好者，或只是為了活着才飲食，你將不會再把草莓看成只是草莓、一片麵包看成只是一片麵包；一碗意大利麵或一塊巧克力都會以不同的方式呈現在你的面前。其實，無論是吃後再思，還是吃前先思，我們都會對「吃東西」這個平常得不能再平常的事情有所反思，也會對「你就是你的食物」這句話有更深刻的理解。現在，「審慎飲食」（mindful eating），佛教稱「正念進食」，已經成為一種年輕人的時尚生活。

值得注意的是，即便是慎食，中西在思維方式與內容上還是存在不少的差異。就這個問題，內地民俗學者萬建中給予清晰的解釋：「誰也不會否認，西方是一種理性飲食觀念，不論食物的色、香、味、形如何，而營養一定要

得到保證，講究一天要攝取多少熱量、維生素、蛋白質等等。即便口味千篇一律，甚至比起中國的美味佳餚來，簡直單調得如同嚼蠟，但理智告訴他：一定要吃下去，因為有營養。說得不好听，就像給機器加油一樣。這一飲食觀念同西方整個哲學體系是相適應的。」（萬建中：《中國飲食文化》）的確，中國傳統的食療養生，既要吃出健康，又要吃出味道。食物的氣味與感性，也是思想與精神的美味。所以我們有「民以食為天，食以味為先」的說法。

是的，食物的食糧與思想的食糧同等重要，我們所追求的身心健康，離不開這兩種食糧的滋補。「知味者，非舌尖之功夫；雅趣者，非水煮清淡之謂。須知此理，乃知飲膳之道。」（龔鵬程：《飲饌叢談》）

「審慎飲食」，尋找舌尖以外的功夫，讓我們的飲食生活多層「思」的意涵。

chapter

5

享樂百味

之

人生

......

享樂主義哲學

說到美食，不能不提及古希臘的享樂主義。

「享樂主義」是古希臘的一種哲學思想，其特點是認為人生最重要的追求是快樂。「享樂主義」（hedonism）一詞來源於希臘語的 ἡδονή（hēdonē），加上 ισμός（ismos）。出生於希臘殖民城邦昔蘭尼的阿瑞斯提普斯（Aristippus of Cyrene，公元前 435- 前 356）是享樂主義思想的奠基者，亦是當時赫赫有名的美食家。他提倡人生要追求快樂（pleasure），而這個快樂主要是指感官上的享受。因此，人的一切行動都以享樂為追求的目標。衡量對錯的標準，也是以一種行為是否能夠避免痛苦，得到快樂為原則。

阿瑞斯提普斯的老師是大名鼎鼎的蘇格拉底。按照蘇格拉底的倫理觀，道德的最高標準是「善」（Good），但他並非給這個善賦予明確的定義。蘇格拉底被毒死後，阿瑞斯提普斯創立了一個新的學派，提倡享樂主義的原則。因為學派成立於昔蘭尼，史學家亦以昔蘭尼地方的名字來稱這個學派，即「昔蘭尼學派」（Cyrenaics）。享樂主義所主張的並非字面上所指向的無節制的自我放縱，而是追求一種有節制的享樂。阿瑞斯提普斯認為，智者對於享樂應當挑選與分別，因為過度享樂不是享樂，而是痛苦。所以有智慧的人應當判斷，會選擇真正的快樂。

可惜的是，阿瑞斯提普斯的全部作品現已遺失。據其他文獻記載，他的大作包括《答批判我購買陳年好酒與召

妓行為的人》和《答批判我斥巨資享受高檔美食的人》。
聽這些名字，就與一般我們印象中的希臘哲學作品大相徑
庭。我們可以想像，阿瑞斯提普斯是如何與柏拉圖唇槍舌
戰的。有一則逸事這樣寫道：有一次，阿瑞斯提普斯在市
場上購買了很多條價格高昂的鮮魚，被柏拉圖得知，批判
他生活奢侈。阿瑞斯提普斯聽說後回應道：「其實買這些
魚只花了我兩個奧波勒斯（即古希臘價值最低的硬幣）。」
柏拉圖聽後大表震驚，脫口而出：「要是只花兩個奧波勒
斯，我也要買這些魚！」阿瑞斯提普斯便笑道：「所以你
看，不是我太奢侈，而是你太吝嗇的緣故。」（阿特納奧
斯：《宴飲叢談》）

　　阿特納奧斯（Athenaeus）是一位活躍於 1 世紀至
2 世紀羅馬帝國時代的作家，其作品《智者之筵》涉及
了古希臘的豪華飲食。英國著名的人類學家傑克·古
迪（Jack Goody）在他所著的《烹飪、菜餚與階級：比
較社會學研究》（*Cooking, Cuisine and Class*: *A Study in
Comparative Sociology*）中提及古希臘的飲食以及《宴飲
叢談》中對食物的介紹，其中有一段對一場宴席的詳盡表
述：「……然後，兩個奴隸搬進擦拭一新的餐桌，一張，
又一張，直至房間放滿，然後吊燈發出光芒，映照着節日
的光冠，芳草以及美食珍饈。所有技藝都用來提供一頓最
奢華的膳食。潔白如雪的大麥蛋糕，裝滿了籃子，接着端
上來的不是粗瓦罐比得上的，外觀良好的碟子，它們寬度
適宜放滿整張華麗的餐桌，鰻和裝滿填料的康吉鰻，神享

用的菜餚。然後是一張大小相同的盤子，盛着美味的劍魚，然後是肥碩的烏賊，美味的同類動物長毛多足。在此之後另一種球狀物出現在餐桌上，不遜色於剛從火中拿下的，它飄香四溢。餐桌上再一次端上了鼎鼎有名的烏賊，那些白皙女僕送上塗蜜的海蔥，可口的蛋糕甜到心裏，巨型麥圈，大如山鶉，甜美而濃烈，你清楚其美味。如果你要問那裏還有甚麼，我會告訴你還有飄香的脊肉，豬的腰肉，公雞的頭，都冒着熱氣；小山羊的肉排，煮好的豬蹄，牛肉的肋條、頭部、鼻部和尾部⋯⋯」（古迪：《烹飪、菜餚與階級》。王榮欣、沈南山譯）

伊壁鳩魯的美食主義宣言

阿瑞斯提普斯之後，出現了「伊壁鳩魯學派」（Epicureanism），以哲學家伊壁鳩魯（Epicurus）命名。伊壁鳩魯在雅典成立的學派就設立在他自家的住房和庭院內，與外部世界完全隔絕，因此被後人戲稱為「花園哲學家」。

伊壁鳩魯的名字常常和享樂主義聯繫在一起。但他所主張的享樂主義，與我們現在所使用的享樂主義的意涵有所不同。伊壁鳩魯學派首先將快樂分成必要的快樂和不必要的快樂。必要的快樂也稱作真正的快樂，意指達到不受干擾的寧靜狀態。這兩種快樂被稱為動與靜：肉體的快

樂屬於動，有快樂，但也容易樂極生悲；精神的快樂屬於靜，即「毫無紛擾」（ataraxia），這是真正的快樂。再者，肉體的快樂大部分是因慾望強加於我們的，而精神的快樂則可以被我們的理性所支配。另外，伊壁鳩魯學派把快樂分成積極的快樂和消極的快樂，認為一般人都會優先追求消極的快樂，它是「一種生活厭煩狀態中的麻醉般的狂喜」。

與享樂主義學派相似，伊壁鳩魯學派也認為，最大的善就是快樂。也就是說，「善」來自快樂，沒有快樂就沒有善。但與阿瑞斯提普斯不同的是，伊壁鳩魯認為真正的快樂應是永久性而不是一時性的。快樂不只是一時的快樂感覺，而是一種內在的、可持續的快樂。在西方思想史上，文藝復興時期的人文主義者、英國的經驗主義哲學家、18 世紀法國百科全書派以及效益主義學派都繼承和吸收了伊壁鳩魯派的許多思想，包括其快樂原則。馬克思在他的博士論文《德謨克利特的自然哲學與伊壁鳩魯的自然哲學的差別》以及《德意志意識型態》中，亦給予伊壁鳩魯很高的評價，稱他為古代「希臘最偉大的啟蒙運動者」。馬克思喜歡伊壁鳩魯，其中一個原因是因為伊壁鳩魯是個無神論者，挑戰神的權威。他認為人死之後，靈魂離肉體而去，四處飛散，因此不存在所謂的死後生命。

儘管伊壁鳩魯學派強調精神的快樂，「伊壁鳩魯式」（Epicurean 或是 Epicure）卻成為「美食家」的代名詞，俗稱為「老饕」。因此，伊壁鳩魯學派也就是與「美食主

義」掛上了鉤。當美食主義被看作是吃喝玩樂時，伊壁鳩魯主義又被解釋成了享樂主義。走遍世界各地，我們可以看到，名為「伊壁鳩魯」的餐館比比皆是。美食網站也喜歡這個古老的名字，特別是那些自稱銷售 gourmet food（優質食品）的網站。

當代「美食家」或「享食家」更喜歡用 foodie 這個詞。但 foodie 或 foodist 也是個有爭議的詞。英文中有幾個詞似乎可以相互使用，像 epicurean，foodist，foodista，gourmand。其中 epicurean 是老派的用法，指美食愛好者、美食家。但 foodist 有時會產生其他的意思。譬如，說一個人是 foodist 也許是說這個人有一定的意識形態的傾向，像環保主義、動物權利保護主義之類，或說一個人是 yuppie（雅皮）或 Bobo（布波族），意味着他／她對食物的選擇非常挑剔。他們只在某些有機商店（如 Dean & Deluca 精品食品店）選擇食材，或只在帶有米其林星（Michelin）的餐館用餐。也有人說，雖然都是美食愛好者，epicurean 族看 Anthony Bourdain（安東尼·波登，美國名廚及美食節目製作人）類型的飲食節目，而 foodist 是看 Paula Deen（寶拉·迪恩，美國名廚及一檔流行電視美食秀主持人）類型的飲食節目。這兩檔都擁有眾多的粉絲，但兩位主持人關係似乎並不太好，譬如，波登認為迪恩是「美國最壞、最危險的人」。顯然，「美食家」一詞不一定是中性，其背後涵蓋不同的社會階層、政治以及流行文化的印記。

在西方思想史上，對於享樂主義或伊壁鳩魯學的指責很多，主要是對「至善即快樂」這個命題的質疑，認為追求快樂、逃避痛苦是缺乏道德擔當的表現。柏拉圖在《斐萊布篇》（Philebus）探討快樂和至善的關係。柏拉圖的這篇論文被看作是「蘇格拉底對話」（Socratic dialogues）典範，也是柏拉圖思想中主要的篇章。其中，蘇格拉底問我們是否可以想像沒有快樂但充滿智性的生活。這是柏拉圖展示蘇格拉底作為高貴血統的智者，對年輕人進行人生的教育。在蘇格拉底看來，痛苦是生物內部機能失調的結果，快樂及平衡是機能失調的回復。所以智慧者既不選擇快樂，也不選擇痛苦，而是選擇之間平衡的狀態。同時，蘇格拉底提出四個「假快樂」：虛假判斷的快樂、其價值被高估的快樂、作為痛苦之免除的快樂以及帶有痛苦的快樂。柏拉圖正是基於這個論點提出他自己的有關純粹快樂的思想。所謂的「純粹快樂」，一定是非身體的快樂。

享樂與禁慾的較量

與伊壁鳩魯直接抗衡的古希臘哲學的另一個派別，斯多葛學派或斯多葛主義（Stoicism），其創建人是哲學家芝諾（Zeno of Citium）。由於在雅典時他常「在門廊」（希臘語發音為斯多葛）講學，故學派由此命名。此學派流行時間較長，除了芝諾之外，後來還有包括克里特斯

（Cleanthes）、西塞羅（Cicero）等著名的思想家。芝諾認為，宇宙是完整的神聖實體，由神、人和自然世界共同組成，宇宙是一個統一體，自然、人和神也是一體的。斯多葛學派強調人的理性，認為人的理性來自神的理性，而且，理性是追尋德性生活的基礎。另外，斯多葛學派相信自然法則，主張人應該「依照自然而生活」的理念。因此，個人之「小我」需要服從宇宙自然法則的「大我」。「應自然」和「應理性」是斯多葛主義的兩大思想基石。

很顯然，如果說享樂主義或伊壁鳩魯學派強調的是個體以及個體的快樂，斯多葛學派主張的人與自由一體的法則是整體的程序。斯多葛派滲入柏拉圖思想後，也成為基督宗教中保羅神學的一個重要的組成部分。在政治思想上，斯多葛派依據「自然法」或「世界理性」的原則，建立一個最高權力之下的世界國家之觀念，而享樂主義或伊壁鳩魯學派主張遠離政治和責任，關注自我修行和自我享樂。儘管如此，斯多葛主義並非完全否定個人主義的觀念，他們承認個體本身是自足的，以及個人的快樂依賴於內心的寧靜和順乎自然的行為。但同時，他們認為人的社會性（即城邦之人）至關重要，國家的秩序至關重要，因此提倡人類一體、天下一家的思想。相比之下，伊壁鳩魯學派顯然不受統治階層待見，並受到維繫統治階層利益的知識精英的攻擊和指責。《劍橋古代史》裏提到：「這個學派從一開始就不受統治者的歡迎，無論是在雅典還是在羅馬，都是如此。與此同時，學派還受到知識界人士的鄙視

（如西塞羅），並且總是被不恰當地與它的對手相比較。」（《劍橋古代史》The Cambridge Ancient History）。

在中世紀，斯多葛主義中的禁慾思想受到教會的支持，享樂主義和提倡個體快樂都受到嚴厲的抨擊。舉個例子。天主教有個「七宗罪」的說法，其中「貪吃」就是其中的一條。吃，是一種罪嗎？在歐洲中世紀，貪愛美食被看作是受到魔鬼的引誘、是靈魂墮落的體現。在《饞：貪吃的歷史》一書中，法國歷史學家柯立葉（Florent Quellier）指出，口腹之慾被教會看成感官之惡，因此，「貪吃」與「色慾」一樣，是人的罪惡（sinfulness）。然而事實上，從貧民到權貴，甚至神職人員，都無法抵制美食的誘惑。柯立葉指出，貧民與權貴的差別是，貧民百姓把對食物的渴望投射在理想國的幻想，而權貴和神職人員則是有能力縱情於珍饈佳餚。直到歐洲的「文藝復興」，這種食慾的解放才和對人的解放一起走進公共的領域。美食被一一展現在畫家的筆下，文藝復興時期的女人，不把體態吃得肥軟豐腴，便稱不上是美女。「舔油盤、刀子嘴、夾肉鉗、吸湯碟、吮羹盤、啜酒杯──歡迎來到貪吃博物館！」這又一次讓我們想到了《芭比特的盛宴》。

前面我們提到過法國 18 世紀的政治家兼美食家布里亞－薩瓦蘭，他可是一個實實在在的享樂主義者，提倡餐桌上的愉悅。美食學（gastronomie）不僅僅是關乎美的經驗，也是一種生活態度。正如法國哲學家、隨筆作家翁弗雷（Michel Onfray）在《享樂主義宣言》所指出的那樣：

「自己享樂並使他人享樂，既不傷害自己也不傷害別人，這就是全部的道德所在。」當然，這裏的享樂主義，並不等同於當代消費主義所追求的物質主義和及時行樂的虛無主義人生態度。相反，翁弗雷認為，食物美學本身也是關於「我」和「他者」倫理學，它是人與食物、人與人關係的主要環節。翁弗雷強調經驗美食的感知主義和行動主義。「享樂是一種倫理形式」實際上是對人的身體、對人性的一種肯定，是對柏拉圖主義的顛覆。生命，不應該是一種桎梏，一種慾望的壓抑。

美國史學家和哲學家威爾·杜蘭特（Will Durant）有句名言：「一個民族生於斯多葛，死於伊壁鳩魯。」也就是說，生於苦行，死於享樂。澳大利亞作家格里高利·大衛·羅伯茲（Gregory Roberts）曾經說過：美食是身體的歌曲，而歌曲是心靈的美食。說到死於享樂，讓我不由地想到意大利導演費里尼（Federico Fellini）的大作《愛情神話》（Fellini-Satyricon）。Satyricon 原意為「好色男人」。這部影片既談色也談食，是關於古羅馬的「飲食男女」。影片中有不少大場面的奢華宴席以及古羅馬人尋歡作樂的特寫鏡頭。其中一個令人難忘的場面是，一個廚師舉起刀劈開一頭豬的腹腔，裏面是各式各樣的美食：雞肉、香腸卷、火腿、珍肝、鵪鶉、乳鴿、蝸牛……這些美食讓所有的客人瘋狂。飲酒作樂、夜夜笙歌，這正是 1 世紀羅馬帝國貴族窮奢極慾生活的寫照。所謂「費里尼的愛情神話」是導演透過瑰麗與濃烈的視覺色彩，為觀眾編織了一

個有關古羅馬的 *la dolce vita*（甜蜜生活），也就是那些想像中的幸福。

中國古代享樂主義者第一人

由此，我又想到中國思想史上、少有的一個被戴上「享樂主義」大帽子的中國戰國時期的思想家——楊朱。對，就是以「一毛不拔」著稱的、被孟子斥為自私自利大混蛋的那個楊朱。兩千年來，雖有幾位先秦諸子為楊朱思想辯護，但因為孟子的儒家成為正統，楊朱的思想一直被歪曲和誤解，直到 20 世紀初的「新文化運動」帶入西方的個性自由解放的思想，作為「本土」自由主義先驅的楊朱才重新進入人們的視野。但 1949 年以後的中國內地，由於共產主義的集體主義價值觀與楊朱的個人主義價值觀相悖；加之，楊朱提倡享樂主義，是不被共產黨所接受的剝削階級的思想，所以楊朱再次被打進冷宮。

那麼，楊朱的「一毛不拔」到底是甚麼意思呢？它是楊朱所倡導的「為我」和「貴生」的學說。《孟子》有言：「楊朱、墨翟之言盈天下，天下之言，不歸於楊，即歸墨。」從孟子的話可以看出，楊朱之學與墨家齊驅，並屬先秦流行天下的學說。用現在的話說，楊和墨都是網紅，有大量的粉絲追隨。所以孟子害怕了，認為他們兩位是對儒家發展的最大障礙，因此一定要徹底剷除。

楊朱被認為是「道家」思想的前身，很多觀點與《老子》和《莊子》都有相似之處。尤其是《莊子》一書，其中雜篇的部分內容大都是楊朱的弟子借用莊子之名寫的。楊朱的觀點和伊壁鳩魯學派的某些觀點有相似的地方，譬如主張趨利避害、追求平靜的生活、不為名利而傷身。同伊壁鳩魯學一樣，楊朱強調快樂的基石是全性保真，而不是金錢和地位。

楊朱最主要的思想就是「為我」和「貴身」。他認為人只有短暫的一生，珍惜生命是最重要的道德原則。楊朱堅持，一切都要以人的存在為貴，自己不去傷害別人，同時也不要別人傷害自己。主張「全性保真，不以物累形」。這話聽起來很像西方個人主義的「不傷害」原則（non-harm principle），所以楊朱一再告誡世人：「人人不損一毫，人人不利天下，天下治也。」在政治上，楊朱建議遠離政治，以免傷身。他的「一毛不拔」的說法也與他的政治思想有關。這句話長期被儒家曲解，認為是一種極端的利己主義的思想。《孟子》說：「楊朱取為我，拔一毛而利天下不為也。」但實際上楊朱所要表達的是維護自我擁有的權利，特別是面對強權的要求。楊朱說，我不會給你一根汗毛去交換利益的。因為我今天答應給你一根汗毛，明天你會要我一根手指頭，然後是我的手，然後是我的胳膊，然後是……所以，我首先要堅持的是一毛不拔。

楊朱學說具有深遠的哲學意義。看起來楊朱提倡自私自利，其實不然，他宣揚的是尊重個人權益。他所要強調

的是，當個人利益失去保障的時候，國家實際上也就失去其合法意義。有人說，「一毛不拔」是世界上最早的人權宣言。這有點誇張，但楊朱思想的確是中國古代思想中少有對個人主義的堅守。難怪，民國時代具有自由主義思想的知識分子如胡適、梁啟超都非常推崇楊朱。雖然楊朱沒有美食方面的專門闡述，但從他的整體思想判斷，我們可以推斷出他的兩個基本觀點：一是珍惜當下的東西，包括美食，即及時行樂；二是要有節制，哪怕是面對美食的誘惑，因為他的養生思想強調平衡和限制。

現當代享樂大師林語堂和汪曾祺

如果要談和美食有關的享樂主義者，這裏我一定要提兩位中國作家和美食家。一位是民國文豪林語堂，另一位是當代散文大師汪曾祺。兩個人都是在百味人生中，領悟到生活的意義，並且義無反顧將享樂主義進行到底。

林語堂自認為是伊壁鳩魯的信徒，是位不可救藥的享樂主義者。林語堂崇尚藝術的、快樂的生活，認為人生的目的就是享樂人生。他愛好抽煙、喝酒、飲茶、美食，以及和朋友聊天。林語堂尤其對美食情有獨鍾，他說：「人世間如果有任何事值得我們慎重其事的，不是宗教，也不是學問，而是吃。」這真是赤裸裸的表白呀。林語堂說自己每到一個地方，首先要摸清楚的就是吃的地方，高級餐

館或者是街邊小吃。林先生有口福，身邊有位擅長做家鄉菜的賢惠太太。林太太是鼓浪嶼人，能做各式福建系佳餚。據林語堂的回憶，林太太最拿手的是清蒸白菜肥鴨。這道菜的特點是鴨子很爛，肉質又嫩又滑，白菜在鴨油裏浸煮得透亮，入嘴即化。另外林家還有一道請客的私房菜，是林氏燜雞。先用薑、蒜頭、蔥把雞塊爆香，再加入香菇、金針、木耳、醬油、酒糖，用文火燜數小時，讓雞和香菇的味道徹底融合。林語堂說，他每次吃這道菜，可以一口氣吃下三大碗的米飯。另外，林太太的廈門薄餅（春餅）也做得地道。後來，林語堂鼓勵夫人和女兒合作編輯食譜。最終，母女二人寫出《中國烹飪秘訣》和《中國食譜》。前者獲得德國法蘭克福烹飪學會的大獎。

我們消化的不僅僅是食物，而且是情感和情調，更是我們因食物而構建的身份認同以及對日常生活的「小確幸」。

林語堂出生於一個基督教家庭，父親是牧師。但他自己從一位基督教徒慢慢轉向老莊的道家思想，到了晚年又重新回歸基督教信仰。道家對林先生的吸引一方面是道家的幽默（這點在《莊子》中尤為明顯），另一方面是道家的對「本真」的追求。林語堂的貪吃大概受道教養生學的影響，加之小時候沒有機會吃好吃的東西，成年後一直在惡補。在《誰最會享受人生》中，林語堂細緻地分析了中國人的生活方式以及飲食之道。他認為中國人骨子裏是中庸的思想：不必逃避人生，但同時保持內心的快樂。換言之，中國人的人生智慧既不是全然的入世，也不是全然的超世，而是找到每一個人心中的那個最合適的位置，也就是莊子所說的「遊世」的概念。

　　在《生活的藝術》這本書中，林語堂用了一個章節討論中國文化中對如何享受生活的理解。其中提到食物和藥物的關係，林語堂寫道：「我們如果把對食品的觀點範圍放大一些，則食品之為物，應該包括一切可以滋養我們身體的物品；正如我們對於房屋的觀點放大起來，即包括一切關於居住的事務。」林語堂認為，中國人對於食物，向來抱着較為廣泛的態度，在食品和藥品上並不是做嚴格的區分。凡是有利於身體健康的都是藥物、也是食物。這個思想來自中醫，也是道家／道教的養生哲學，其中「食療法」是中醫常用的方法。從傳統美食的角度，最美味的食譜不只是滿足舌尖的享樂，而是能安撫情感以及滋補身心。

要說中國當代的文人美食家，自稱「資深吃貨」的汪曾祺一定是排在首位。他那句「唯美食與人生不可負」道出中國式享樂主義者的最高境界。有人說，汪曾祺是最後一位風雅獨殊的文人美食家。他不但會吃，而且會寫。有關談吃的散文近五十篇，且每一篇都具有強烈的畫面感，令人回味有餘。汪曾祺本身江蘇人，但卻吃遍大江南北的美食：從家鄉的各式小菜到昆明的過橋米線，從四川的怪味雞到山東的炸八塊，從遼寧人愛吃的酸菜白肉火鍋到北京的羊肉酸菜湯——真可謂飽嚐人間至味。有機會品四方美食，讓汪曾祺真正懂得「五味」的美妙，生活藝術化的享樂。汪曾祺書中所介紹的食物，多半是他年輕的時候走遍大江南北品嚐的奇珍異饌以及家常小菜。不過，汪先生也有禪宗式的超然。他說過：「四方食事，不過一碗人間煙火。」

讀汪曾祺的作品，有時會令人想到明末清初的大作家張岱。張岱亦是懂美食著稱，而且文筆一流。張岱對「至味」的追求，可以說到了痴迷的程度。他在《陶庵夢憶》中記載往事，多提到對昔日飲食生活的回憶。其中描繪得最為動人的，要數對雁鳴湖蟹以及對以蟹會友的描述。汪曾祺也寫過吃蟹。印象深刻的是他說醉蟹。提到他兒時，他的外公痴迷醉蟹，每年都要做上一、兩瓦罐。然後，是做醉蟹的工序：在水裏養蟹，排盡污物。再放置兩天，排乾水氣，在蟹臍上撒花椒、鹽等調料，再入瓦罐中，澆上糯米黃酒。乾渴之極的螃蟹立刻飽飲一番，終至大醉。封

瓦罐一個多月，即成醉蟹。（汪曾祺：〈螃蟹〉）上海人愛吃醉毛蟹，用黃酒醃製，也等於消毒了。醉蟹的味道獨特，除了酒香之外，就是軟糯的膏和肉，其特色是軟、綿、滑、糯。蟹的香味和酒的香味融為一體，令人常思再嚐。香港有一家老上海飯店，到季節會有花雕醉蟹。但香港美食家蔡瀾在一檔美食節目中說過，青島的醉蟹味道更好。我想，對汪先生來說，還是他外公的醉蟹最好。

汪先生還有一段回顧家鄉高郵以及醃麻鴨鴨蛋的回憶，令人過目難忘。高郵水鴨有名，每年四五月，是養鴨最忙碌的季節。「高郵鹹蛋」，名滿江南，具有鮮、細、嫩、紅、沙、油的特點。袁枚在《隨園食單》上有對鹹蛋的描述：「醃蛋以高郵為佳，顏色紅而油多。」蛋黃紅且油多，蛋白配粥味道極佳。可見只要用心，簡單的原料和佐料也能信手製出可口的美味。汪曾祺說，端午節時的高郵，鹹蛋是不可缺席的小吃。至於鹹蛋的吃法，可以帶殼切開吃，也可以敲破「空頭」用筷子挖着吃。汪先生說，喜歡筷子戳入，紅油冒出的感覺。一口下去，香醇濃厚。另有一道名為「硃砂豆腐」的蘇北菜，就是用高郵鴨蛋黃炒的豆腐。在北京，硃砂豆腐也很流行，據說是清真傳統名菜，始創於北京鴻賓樓清真飯店。

汪曾祺的美食散文，讓我們了解到甚麼是純粹的快樂。他用一片「吃」心，教導我們如何百味人生。所以我們常說，享樂主義是哲學中的踐行派，思想不能只在理論體系中構建，而是不斷指向當下離我們最近的生活。

中華文明自古文人多食客，所以文人談吃，是文化傳統。在中國人眼裏，酸、甜、苦、辣、鮮、香、臭……這些字眼不僅僅是談美食鑑賞，而是談人生、談哲理。我們有蘇軾的「東坡滾肉」，有張岱的《老饕集》，有袁枚的《隨園食單》。可我們甚麼時候聽說過「莎士比亞牛扒」、「歌德肘子」、《蕭伯納食譜》呢？

隨着傳統宗教的式微，美食無疑是當今世俗世界最大的信仰。人們對美饌的熱情，猶如宗教般的虔誠。大眾媒體的娛樂節目，需要不斷的花樣翻新，唯有美食節目，一直佔有不敗之地。從《主廚的餐桌》（*Chef's Table*）到《武士美食家》（*Samurai Gourmet*），人們可以在美食屏幕前毫無愧色地暴飲暴食。食物既是舌尖上的味蕾對象，也是精神上的興奮劑。就現代人而言，食物不只是為了餬口和充飢，而是具有安撫和療癒的功能；我們消化的不僅僅是食物，而是情感和情調，更是我們因食物而構建的身份認同以及對日常生活的「小確幸」。

在飲食議題上，給享樂主義「正名」是必要的。

一個人
的
美食

孤獨的美食家

「兩個人一起吃的是飯，一個人吃的是飼料。」這種說法早已經成為了過去。日本電視連續劇《孤獨的美食家》（孤獨のグルメ）把「孤獨」一詞發揮得淋漓盡致，自 2012 年上演以來，在東亞國家一直很火爆，也帶動了一人食的生活風尚。其實，作為美食漫畫版的《孤獨的美食家》已在日本流行了近二十年，而電視劇大大超越了漫畫的影響力。劇中除了吃之外，一切我們可以投射於男主角身上的想像（包括浪漫故事），一個也沒有發生。可是，有美食陪伴，誰又會在乎呢？

說真的，《孤獨的美食家》情節單一、平淡無奇。主要線索不過是一位瘦瘦的、外出跑業務的中年男子在路上走走吃吃，品嚐各式各樣的日本佳餚。然而就是這部單一主題的電視劇，自從進入人們的眼簾，就立刻吸引了無數的看客，同時也打破了不少人原有的減肥計劃。吸引人們的不單單是各式美食佳餚，更多的是飲食者的內心獨白和他在吃喝過程中那副自得其樂的表情。除了電視劇本身，和它相關的影評節目也異常的火爆。像網絡上有位名為「輕風乍起」的博主，以每集 10 分鐘左右的時間將《孤獨的美食家》的每一集劇情介紹得活靈活現，讓人邊看邊有飢腸轆轆之感，對影片中一定會出現的那句話「必須趕緊吃飯，立刻、馬上」超有同感。人們突然醒悟，原來吃是人生如此重要的一件事情，而且這件事情可

以是單獨行動的。就此，一場獨食風潮，在不經意中撲面而來，形成獨食浮世繪的全球漫遊。全世界的單身人士們更是興奮不已，原來我不是唯一的孤獨的美食家。「獨食」（「Gourmet Solitaire」或「Solo Dining」）成為當今的時尚。「獨食」成為「獨自享用」的代名詞。也就是說，一人食已不再是一種遺憾之事。

俄國著名的無政府主義者巴赫金（或譯為巴赫汀，M. M. Bakhtin，1895-1975）曾經說過：「藝術和生活不是同一回事，但應該在我身上統一起來，於責任中統一。」（巴赫金：《對話的想像：巴赫金的四篇論文》）如果說巴赫金試圖以責任統一藝術和生活，那麼孤獨的美食家則是在膳食中，將吃的藝術和填飽肚子的生活統一起來的完美寫照。至於對責任的解釋，每個觀眾想必自有答案。

在電視劇中，用孤獨的狀態吃遍天下美食的旅人井之頭五郎，是由日本資深演員松重豐出演。五郎（亦稱五叔）未婚，是個快樂的單身漢。他整日踽踽獨行於城鄉的大街小巷，邊走邊吃，向觀眾介紹日本和其他地方的美食，也順帶表現一下周圍的人和事。沿街覓食成為五郎生活所關心的重心和享受，而觀眾也在不自覺中成為他的覓食夥伴，並在觀看他人享受美食的場景中找到了自己的興奮點，在自我陶醉於窺視他人之樂趣中得到撫慰，何況被窺視的對象包括令人過癮的一道道美食！

其實，在世界不同的角落，獨自用膳是件最平凡不過的事情，特別是那些不太講究的快餐店，更是獨食者經常

光顧的地方。但《孤獨的美食家》展現的不是如何填飽肚子，而是如何享用美食。那一間又一間的日本小館，不豪華、不張揚，卻不乏各種美味佳餚：日式的、中式的、韓式的、泰式的、美式的、意式的、法式的、混搭式的。食客任意挑選、自由用餐。偶爾，獨食者相互之間可以搭個話，聊上幾句。因為有美食陪伴，「孤獨」似乎並不是問題。有人說，一人食的真諦，是可以旁若無人卻內心澎湃的享受味覺的體驗。所以，在覓食—點菜—品食—再覓食這一整套的儀式的背後，是孤獨的美食家百味人生的滋味。

當然，也會有人不喜歡一人食的形式。他們認為，吃的經驗應是一種娛樂（否則怎麼能叫做「飯局」？），美味佳餚需志同道合的人一道分享，而一人食少了一份熱鬧，也少了一道滋味。也會有人說，所謂吃，不只是桌子上食物，因為吃的是情調，即抓不到的時光，留不住的人。這個種說法，都是把吃的中心放在了食物以外的東西。所以無論是「熱鬧說」還是「情調說」，都是借美食尋找其他心靈的慰藉。

我曾在 Youtube 上看過一個名為〈一人食〉的美食短片，每個節目幾分鐘而已，不同的人物，精心製作一道美食。我很喜歡這個美食節目，它所要表達的意思很直白：一個人吃飯也要好好用心地做飯。後來節目製作人蔡雅妮（一位典雅的上海女士）出了書，用了同樣的名字——「一人食」。作者寫道：「以往總是學着如何與人共處，現在

要慢慢練習與自己相處。偶爾讓自己一個人，可以想一些事，也可以甚麼都不想；可以和自己說話，也可以甚麼都不說。」臺灣美食作家葉怡蘭也有自己的自煮哲學：「取悅自己，從眼前這一頓開始。」其實，很多吃貨都喜歡自己動手。有時，做飯的過程比吃的過程更有 therapeutic（療癒）之功能。有新鮮的食材，在各種調料中自由搭配，那是一種自我創造、自我構建的人生體驗。沒有比自己燒飯、自己享用這種獨自消磨時光更好的選擇了。

一人角落

　　香港這幾年也流行「一人角落」，推出系列一人食單：日本和風、英倫風尚、意式媽媽料理、北歐慢生活、中國老字號，還有一人自助餐、一人火鍋，很適合那些對食物有「花心」的食客：壽司、三文魚、蘑菇意粉、烤豬肉、煎牛排、各式沙拉和甜品。臺北的「獨食餐廳」，大概也是類似的用意。大多以精緻日式燒肉為主，食客可以坐在吧台區，慢慢享用現點現做的美食。另外，一人食的火鍋在臺灣也很流行。雖然是一個人，但在選擇內容上不受限制。我第一次體驗一人食火鍋，還是在洛杉磯的一家臺灣餐館。後來旅行到臺北，我特意品嚐了一間躲在一個無名小區樓群角落中的一家火鍋店。在武漢，也有一家深受學生們青睞的「一人席」餐館。在館內，單人的小隔間如學

校的自習室。但每個位置之間的隔板是活動的：想獨處，可以拉下，保證私密的空間；想聊天，可以拉上，與鄰座的食客交談。

很顯然，「一人角落」或「獨食餐廳」，與大城市越來越多的單身人士的出現密不可分。人落單，百味人生可不能不落單呀。尤其在這個快節奏的時代，一個人吃飯、一個人喝酒、一個人看電影，已經不足為奇。當然，還有手機，一個能時刻把我們帶入虛擬空間、並製造虛擬親和力的現代科技。當食客與他人的網絡連接着，孤單似乎成為一個過時的詞彙。偶爾也會看見有些獨食者，拍下自己享用的食物，然後透過社交網絡發送給其他的朋友。讓手機先吃，不知這樣做是否是為了自我炫耀，還是為了化解孤獨的寂寞。有人建議，餐館裏不應設置 wifi，這樣食客才能不受干擾地享用美食，認真體驗味覺的感受。

《孤獨的美食家》向世人證明：「獨立性」已經取代「孤獨」。日本一人食的拉麵館，座位是一間間由小隔板隔開的間隔，每個小隔間坐一個人，互不打擾，自食其樂，品味當下的幸福。但我們不得不承認，不是每個人都可以從容地面對孤獨，尤其是尋求食物之外某種感受的食客。所以也有餐館，向不願一人食的客人提供陪食夥伴的服務，以消解獨食的寂寞。在日本有所謂的「陪吃娃娃」，是指各種不同造型的陪吃玩具娃娃。不難想像，該服務一經推出，立刻吸引不少獨食者前來用餐，形成一個新的主題餐廳類別。據說內地一家品牌火鍋店「海底撈」，也推出了

人需要獨處的時間，或許，獨享美食是獨處的一個好方法。

如果當今的城市人很難「退隱」到自然之中，

那就「退隱」到美食之中吧。

類似的服務。日本有間餐廳叫「The Moomin Café」，是以姆明（Moomin）卡通人物為設計主題。用餐者可以選擇自己心儀的卡通人物，作為陪吃娃娃。點菜時必須是二人份，並為陪吃娃娃擺好碗筷，結賬時當然也是二人份的價格。你想跟陪吃娃娃 go Dutch（AA 制），沒問題，你付兩次就好了。也有人會說，這是現代都市人的悲哀，一種「社會性退縮」（social withdraw）心理的體現。

但換個角度看，「一人食」的一個特點是自由。你甚麼時間吃、吃甚麼、吃多久，都不需要和別人商量。在哲學上，我們常問，人是否曾做過一個完全屬於我們自己的決定？即是否存在絕對的自由意志？在很多情況下，我們都會懷疑這一點，因為我們的每一個決定，都至少要受到某些外在因素的影響。我們的自由選擇，其實並不是我們想像的那樣自由。但「一人食」的確提供了一種自由：我行我素、不拘小節、瀟灑自在。在《孤獨的美食家》中，獨食男五郎的幸福，正是來源於這樣的自由。難怪每次有人給五郎提親，都被他婉言謝絕。為了美食，他也必須將孤獨進行到底。

上世紀 30 年代，《美國時尚》（American Vogue）雜誌編輯黑利斯（Marjorie Hillis）出版了一本小冊子，題為《喜歡一人生活：獨善其身的藝術》（Live Alone and Like It: The Art of Solitary Refinement）。黑利斯描述的是當時英、美的傳統女性。由於種種原因，要面對獨處的生活。其中一章就是寫「一人食」，並附上了精美的獨食菜單。我們

今天看這本書，一點也不會覺得這本快有一百年歷史的書已經過時。作者雖然不能算是現代意義上的「女性主義」的倡導者，但她所談論的女性議題卻超越時空的局限。譬如，單身女性如何戰勝自卑感和恐懼感（即便被看作「剩女」中「齊天大剩」）、如何全方位的自我接受和自我完善、如何讓獨身成為一種生活的優勢……其中重要的一點：善待自己、好好吃飯。

孤獨與無聊

一個人吃飯是甚麼感覺？我們是否在一人食中觀察到寂寞的效應？或許你被問到：「唉，你敢不敢一個人去吃麻辣鍋？」（注意，在網絡國際孤獨調查表上，一個人吃火鍋排在孤獨第五級，排在吃火鍋之前的是一個人去唱KTV），這裏的關鍵詞是「一個人」。當下流行的書籍有《一個人的幸福餐》、《一個人也要好好吃飯》、《一個人也得下廚房》、《一個人的好食光》、《一個人的粗茶淡飯》等等。這類書籍都是針對一個人的、一種情緒的。存在的孤獨，是人生最根本的孤獨。人生的孤獨有不同的種類，比如語言孤獨、思維孤獨、倫理孤獨、情慾孤獨等等，而我們感受最深的就是存在的孤獨。但就現代人而言，存在主義哲學稱之為「存在之孤獨」（existential isolation）不一定是消極的東西。我們或許會說：「我孤獨，故我在」，

因為我們意識到人終將是「自己的來、自己的去」。所以有句存在主義哲學名言就是：「人終將孤獨地面對孤獨。」存在主義大師薩特則說：「人因孤獨而感到自由」，孤獨在一定意義上也可以是自足的形態。

以寫《無聊的哲學》出名的挪威哲學家拉斯・史文德森（Lars F. Svendsen）教授曾經說過，無聊會使人產生孤獨感。在無聊的時候，外在的事物失去本身的意義。這時候，人必須轉向內在去尋求意義的存在。如果做不到這點，人就不能擺脫孤獨感。我想，吃貨在這個層面上看是不會孤獨的，因為美食作為外在的事物永遠充滿着意義，而且，它的意義是由外到內的：食物把溫情傳遞給人的味蕾，隨之溫暖到人的胃脾，然後是溫暖到人的心。這是一種全神貫注、沉浸在其中的經驗。人在專注一件事情時，是不會有孤獨的感覺的。專注之後，再放空自己。

禪宗有專門就吃的行為進行的修行活動，即所謂的 the practice of eating mindfully 或 mindful eating，在西方世界蠻流行。譬如，英美都有「正念認知療法」（MBCT，Mindfulness Based Cognitive Therapy），是結合西方心理治療的禪修療癒方法。這種修行是「對食冥思」，專注舌尖觸碰食物時的每個細節感官，然後是身心對食物的反應。在佛教修行中，mindful eating 是「正念進食」。修行者在此時是百分百專注於食物的進食過程，吃飯時除了要慢嚥細嚼、品嚐食物的滋味，還要以感激的心情欣賞咀嚼的食物，以及念及食物與世界的關係。有這樣的修行，就

不會產生孤獨和無聊的思緒。牛津大學臨床心理學教授威廉姆斯（Mark Williams）在他的《正念：八週靜心計劃》（*Mindfulness: An Eight-Week Plan for Finding Peace in a Frantic World*）寫到：「我們都趨向活在過去或未來，甚少專注當下，正念進食展示正念修行的一個主旨，就是重新學習覺察日常生活的每個細節。」

　　最近在臺灣有一部火爆的臺語偶像劇《若是一個人》，劇情以所謂的「國際孤獨等級表」為題材，呈現當代都市中一個人生活的種種面貌。女主角方佳瑩在與男友分手後，開始了一個人的生活：一個人喝咖啡、一個人吃飯、一個人旅行。她覺得是快樂的，但她終究還是會難以忍受與自己共處，有種來自內心的恐懼。這個劇的情節來自該劇的編劇杜政哲自身的生活經歷。據說他曾結束一段長達七年的戀情，花了五年才走出情傷。「天底下哪有甚麼天長地久？很多時候單身是被迫。」失戀的孤獨寂寞，有過經驗的都明白。但是孤獨並不一定是件壞事。在很多時候，孤獨是生命賜給我們的禮物，我們可以有時間沉浸在自己的世界中。臺灣著名的美學大師蔣勳曾經說過：「孤獨是生命圓滿的開始，沒有與自己相處的經驗，不會懂得和別人相處。」（蔣勳：《孤獨六講》）17 世紀法國哲學家及文學家拉布呂耶爾（Jean de la Bruyère）則認為，人的不幸是不能承擔孤獨。然而一個人在獨處的時候，恰恰是這個世界上最美好的時光，因為這個時候，人可展現自己的本真，不用為了別人，扮演不同的角色（拉布呂耶爾：

《品格論》）。

內地知名學者和作家周國平最擅長談孤獨的問題，畢竟是研究尼采哲學的學者。他認為，交往和獨處是人在世上生活的兩種方式。人們往往會把交往看作一種能力，卻忽略了獨處也是一種能力。周國平指出：「孤獨之為人生的重要體驗，不僅是因為唯有在孤獨中，人才能與自己的靈魂相遇，而且是因為唯有在孤獨中，人的靈魂才能與上帝、與神秘、與宇宙的無限相遇。」（周國平：《文化品格》）顯然，在周國平看來，人因孤獨而豐盛。獨處就是自己思想的避難所，生命的覺悟往往在孤獨和絕望中產生。不過，相對於品美食，周國平似乎更偏好「吃書」。臺灣哲學學者、藝術評論家史作檉寫過一本很有意思的哲學書，叫《一個人的哲學》。他說，一個「人」的哲學也是一個「人的哲學」，也是一個人的獨身哲學。解讀自己、認識自己，這本身就是在書寫自己的哲學。

人需要獨處的時間，或許，獨享美食是獨處的一個好方法。如果當今的城市人很難「退隱」到自然之中，那就「退隱」到美食之中吧。

活着，就是一種哲學。生活中人來人往，可我們注定要一個人走一段路。是的，一個人，以獨立的姿態面對這個世界。

我們需要好好地善待自己，從吃開始。

chapter

7

食色文人
李漁

文人的「食」

　　談論「食色，性也」這個話題，有一位史上文人不能不提，就是明末清初的風流才子李漁（自號湖上笠翁，1611-1679），一位兼文學家、戲劇家、美學家和美食家於一身的多面才子。倘若給中國傳統文人冠以享樂主義者的稱號，李漁一定會排在前三名。他書寫物質和感官享受，討論美食和性，是明清之際文人的「浮世」生活的寫照。李漁說：「吾觀人之一身，眼耳鼻舌，手足軀骸，件件都不可少。其盡可不設而必欲賦之，遂為萬古生人之累者，獨是口腹二物。」李漁的人生觀體現在他對身體和美食的慾望，採取享樂但不放蕩的立場。在戲劇創作方面，李漁是位多產的劇作家，他將寫作、編劇、導演的角色集於一身，是清代知名出版社芥子園的老闆。他編寫的《芥子園畫譜》流傳至今，被齊白石、潘天壽視為經典範本。李漁的戲劇作品及戲劇理論還流傳到日本的江戶時代，直接影響了那個時期的日本文學。

　　其實，李漁既不是官二代，也不是富二代，更談不上文二代，父親是位賣藥材的小商人。李漁本想走傳統文人之路，考科舉，再進入體制。可惜運氣不佳，幾次考試都未能中舉。士大夫所嚮往的功成名就似乎離自己甚遠，最後不得不搞了個家庭戲班，走南闖北，以演戲為生計。李漁在他的〈鳳凰臺上憶吹簫〉一詞中感嘆道：「昨歲未離雙十，便餘九還算青春。嘆今日雖難稱老，少亦難云。閨

人也添一歲，但神前祝我早上青雲，帶花封心急，忘卻生辰，聽我持杯嘆息……」事實上，這首詠嘆詞是李漁一生對於生命歷程的惆悵感受。李漁除了靠戲劇班之外，還不斷地創作、出版，並自售自己的作品，包括流行的傳奇和情色作品。

四海遊蕩的生活沒有讓李漁放棄傳統文人的雅興，包括對美食的追求。這一點在他的名作《閒情偶寄》中表現得淋漓盡致。所謂《閒情偶寄》，顧名思義，有閒之人，隨便聊聊的事情。但實際上，這是一部實用的生活百科和審美指南。從書中涵蓋的內容，可知作者情趣的廣泛，以及對精緻生活的品味：詞曲、演習、聲容、居室、器玩、飲饌、種植、頤養。書目分八部，共二百三十四個小題。其內容涵蓋層面已非單純一般意義的休閒觀念，而且是對明末清初日常生活方方面面的審美品鑑。其中的〈飲饌〉篇章對於飲食有着獨到的旨趣和審美風格。李漁的飲食思想可以歸納為「尚節儉、近自然、鄙肉食、鮮本味、巧烹調、重養生、美器物」七個原則，被認為是養生學的經典。難怪林語堂稱《閒情偶寄》是中國人生活藝術的指南，還大膽直言：讀懂李漁，就讀懂生活。

《閒情偶寄‧飲饌部》中提到食材的選擇。李漁把蔬菜放在首位，堅持「飲食之道，膾不如肉，肉不如蔬，亦以其漸近自然也」。蔬食第一、穀食第二、肉食第三。這三項是以崇儉、復古、切近自然之道作為實踐宗旨。在這點上，李漁很像法國的盧梭，都屬於「食草類」的偏執

狂。李漁對《左傳》所說「肉食者鄙，未能遠謀」的觀點表示贊同，認為肉食確實能夠「蔽障胸臆，猶之茅塞其心，使之不復有竅也」。他的理由是肉中的肥膩之精液會結而為脂，為此他還以「補人者羊，害人者亦羊」為例來論證自己「肉食無益處，甚至有害」的觀點。顯然，李漁主要是受佛教不殺生思想的影響，他認為「豬、羊之後，當及牛、犬」是人們日常所畜養的，而牛、狗二物更是「有功於世」。同時，李漁認為蔬食更接近自然，對養生有益。據說，他還創製了獨家的素食五香麵和葷食八珍麵，對「手工麵」的製作頗有心得。所謂的五香麵是用醬、醋、椒末、芝麻和焯筍或煮蝦的鮮汁做成調汁，然後與麵攪拌在一起。八珍面包括雞、魚、蝦三物，加之鮮筍、香蕈、芝麻、花椒四物，再加上鮮汁，共為八種，與麵同食。李漁食素，所以五香麵給自己吃，八珍麵則給客人享用。李漁是南方人，但在食麵的方法上卻與南方人略有不同。南方麵往往醬汁調料的味道是在湯裏，手工切麵則是附着在湯中，所謂湯有味而麵無味。而李漁的麵是讓麵和湯都進味，而主要的味道則在麵中，盡量保持湯的清爽。遺憾的是，我們今天沒有「李漁麵」這樣的稱謂，否則可以與「東坡肉」並駕齊驅。

值得一提的是，李漁並沒有將《閒情偶寄·飲饌部》視為一部純粹的食譜，且暗示自己的飲膳書寫另有別意。他的人生態度展現出晚明文人對生活享樂的專注和自信。在《閒情偶寄·頤養部》中，李漁視養生為現代社會要

務，也是精緻美學的一部分。飲食上的考量、情慾上的節制，都是頤養之道。所謂「行樂」，不是沒有節制的尋歡作樂，而是學會如何保持心情的舒暢。另外，李漁雖然主張素食，但對醉蟹還是情有獨鍾。據說每當螃蟹上市期間，他家大缸總是裝滿了螃蟹，每天都要抓出來吃，家裏還有專門為他做蟹的、名為「蟹奴」的丫鬟。而螃蟹剛退市，李漁就開始準備下一季的買蟹錢，他把這筆錢稱為「買命錢」。在論醉蟹之美時，李漁這樣寫道：「世間好物，利在孤行，蟹之鮮而肥，甘而膩，白似玉而黃似金，已造色香味三者之至極，更無一物可以上之。和以他味者，猶之以爝火助日，掬水益河，冀其有裨也，不亦難乎？……出於蟹之軀殼者，即入於人之口腹，飲食之三昧，再有深入於此者哉？」好一個吃客！與張岱有一拼。

文人的「色」

除了談美食，李漁還是寫情色文學的高手，如《憐香伴》、《風箏誤》、《意中緣》、《玉搔頭》、《無聲戲》及《十二樓》皆出自他的手筆。用今天的話來講，李漁是位名副其實的「暢銷書作家」。但他最被後人記住的作品，還要數那個大名鼎鼎的《肉蒲團》了，港臺的三級片都喜歡用它做電影的腳本（出了 2D、3D、4D）。除了食物，情色是感官世界的另一個重要部分。《肉蒲團》那個叫未

央生的風流才子。在女色面前放棄科第功名，一心尋歡作樂，把整個人生看作滿足肉慾的春宮大戲。有人說《肉蒲團》比《金瓶梅》好看，因為它比寫市井生活的《金瓶梅》更狂放大膽，更具有魔幻現實主義的風采。當然，就肉蒲團——女人的身體而言，李漁書寫的角度完全是男性中心主義的。用現代心理學的術語，是男性之「性慾型投射性認同」（sexual projective identification）的典型。

書中有一些對「偷窺」的描寫蠻有趣。其中一個情節是未央生為自己準備了一個冊子，將偷窺的經驗一一記錄在冊。他還時不時地把冊子拿出來，仔細品味，評判高低。在李漁的時代，已出現由西洋傳教士帶來的一件稀奇之物，叫「千里鏡」，也就是我們今天所說的「望遠鏡」。李漁在他的多部作品中，如《夏宜樓》和《十二樓》都提到如何妙用千里鏡這個「神目」做「偷窺」的工具。《夏宜樓》中寫到一位書生因為有千里鏡在手，所以可以從山上的某寺院的僧房偷窺某名門閨女房內的一舉一動。在《十二樓》中，李漁提到千里鏡如何激發他的想像：「居室中用……千里鏡，則照見諸遠物；其體其色，活潑潑地各現本相。」其中女人的小腳，必是李漁喜歡窺視的對象，這或許是傳統中國男人共有的「戀足癖」吧。

由於李漁生活在禮教盛行的時代，情色顯然是對道德說教的叛逆，即對禁忌（taboo）的反叛。然而，這種反叛中又同時存在順服的一面。正如學者莊仁傑所指出的那樣，中國小說「對道德規準有其服從與叛逆的兩面——

服從傳統文化中道德思想的警示概念；叛逆於政治意識下操作道德對人性自主的壓抑——去除意識形態所製造的價值批判，情色的議題反而成為小說家們回顧人性純良、針砭當政者道德虛偽的一種利器」。（莊仁傑：《晚清文人的風月陷溺與自覺》）看李漁的作品，從表面上看，他似乎不執着於道德說教和勸懲，而是強調小說的娛樂、消遣目的。但在情色快感的背後，我們常常會看到宿命輪迴、因果報應的痕跡。當《肉蒲團》在 1965 年被翻譯為德文版時，小說的標題是《肉蒲團：一部明代的性愛—道德小說》。西方學者認為，李漁的作品反映了三個基本要素：感性、自然、說教。這正是中國文學的三個核心特徵。（范勁：〈《肉蒲團》事件與中國文學的域外發生〉，《中國比較文學》，2019 年，第三期）李漁不僅書寫身體，而且表現了一種特有的「身體能量學」和愛慾觀。

值得一提的是，在傳統文人行列中，李漁帶有濃厚的商人色彩。從今人的角度來看，他是一個休閒文化的宣導者和文化產業的從業者，他的作品，屬於暢銷文學。在李漁看來，生活在末世的人們，喜歡讀消愁解悶的書。而這類通俗讀物「貴淺不貴深」。如果具有教化意義，當然更好。李漁善寫當代人當代事，加之情色的內容，自然更受歡迎。李漁本可以靠作品大發其財。沒料到，明朝末年之時，印刷業快速發展，不少書商靠翻版賺錢，反而沒李漁這樣的作家甚麼事。李漁被迫到處抗議，成為中國歷史上反盜版的第一人。儘管在明清之際，李漁的情色作品被列

為禁書，也被官方一再地查禁，但人們卻始終無法抵擋其字裏行間所散發那無盡的情慾魅力。

情色文學在晚明的盛行，固然與印刷業的興起有關，就像道教內丹的房中術，經過商人的翻刻印刷，就成了流行的春宮畫。其實，情色文學的流行，可以追溯到唐代。白行簡（776-826）的《天地陰陽交歡大樂賦》，這是一部以文學的形式來敘寫房中男女交歡的僅見之作，比《金瓶梅》早了約七百年。白行簡為唐代大詩人白居易之弟，本人也是位文豪。他所寫的傳奇故事《李娃傳》已失傳，多虧《太平廣記》有記錄，而得以流傳至今。《李娃傳》，又名《節行娼娃傳》、《汧國夫人傳》、《一枝花》，講的是鄭生和妓女李娃之間的愛情故事。

唐代的情色文學

《天地陰陽交歡大樂賦》原藏敦煌石窟，19世紀末被法國考古學家漢學家伯希和（Paul Pelliot）發現，帶回巴黎，現藏巴黎法國國立圖書館。我們今天看到的版本屬於海外漢籍回流中國。《大樂賦》被稱作中國的古典「愛經」，但與印度那本被稱作「性愛瑜伽」的《愛經》（*Kama Sutra*）有所不同。作者在序言中說到：「夫性命者，人之本；嗜慾者，人之利。本存利資，莫甚乎衣食。衣食既足，莫遠乎歡娛。歡娛至精，極乎夫婦之道，合乎男女之

情。」全書有不少對各種性愛的描述，譬如第一、二節先述天地陰陽交會之道，男女交接為人之大樂。第三節講男女從出生到青春期的變化；第四節是談新婚之夜；第五節為性交過程更為詳細的描述；第六節講男子與姬妾性交；第七節盛美夫婦四時之樂。第八節專寫帝王的性歡樂；第九節描寫鰥居的和漂泊在外的男子的性壓抑；第十節講放蕩男子如何潛入陌生女子的閨房偷香竊玉；第十一節是描寫盛美與婢女交歡之樂；第十二節旁徵博引，描寫醜女；

看李漁的作品，從表面上看，他似乎不執着於道德說教和勸懲，而是強調小說的娛樂、消遣目的。但在情色快感的背後，我們常常會看到宿命輪迴、因果報應的痕跡。

第十三節論佛寺中的非法性交；第十四節講男子的同性戀關係；第十五節反映農民與鄉間的性關係。我們可以看到，作者從性歡樂到性壓抑，從偷情、偷窺到同性戀，應有盡有。但作者認為，作品的主旨就是敘述倫理綱常，講求夫婦和睦，並透過性研究延年益壽的方法。聽起來，頗有大唐道教的風範。

荷蘭漢學家、外交官高羅佩（Robert Hans van Gulik）在《中國古代房內考》一書中詳盡介紹了白行簡的情色大作。他對這部情色作品的評語是：「文風優美，提供許多關於唐代的生活習慣的材料。」上段中提到的十五節的敘述就是來自高羅佩的解釋。（van Gulik：*A Preliminary Survey of Chinese Sex and Society from ca. 1500 B.C. Till 1644 A.D.*）高羅佩對中國傳統文化獨有情鍾，致力於向西方介紹中國的古典文學和文化。他編寫的《大唐狄公案》塑造了一位中國的大神探福爾摩斯，同時創作出世界上唯一一本用英文寫就的章回小說。高羅佩對中國性文化的情趣與研究使他在漢學界獨佔一席之地。《秘戲圖考》是他的代表之作，所謂「秘戲圖」就是春宮圖。

唐代另一部著名的情色文學是《遊仙窟》，由張鷟所著，被稱作中國第一部自傳體情色／愛情小說。故事講述男主角「下官」在趕路時，因時辰已晚，人馬俱疲，於是投宿神仙窟，與崔十娘、五嫂（寡婦）二女邂逅。然後三人飲酒作詩、調情戲謔。這部作品可以看出唐代文人對性與性生活的態度，對後世愛情小說的創作影響深遠。《遊

仙窟》在中國已失傳千年，但在日本的盛傳不衰（《舊唐書》：「日本每遣使入朝，必出重金購其文」），清末再由日本抄印回中國。白先勇小說《孽子》中的「遊妖窟」就取材自《遊仙窟》的文本。同《大樂賦》一樣，其實《遊仙窟》是典型的出口轉內銷的作品，魯迅手稿中亦能見到。（《魯迅先生手寫遊仙窟》）

《天地陰陽交歡大樂賦》指出：「衣食既足，莫遠乎歡娛。」說到食，當時唐人的主食主要是粥（如麥粥、麵粥）和大餅（如胡餅、蒸餅、煎餅）。《遊仙窟》除了對美酒佳餚以及藥膳的描述之外，還有男女以食物和器皿為詠詩對象，以表達他們對性愛的期待和嚮往。尤其是美食的部分，作品中有細緻的描述：「窮海陸之珍羞，備川原之果菜，肉則龍肝鳳髓，酒則玉醴瓊漿。城南雀噪之禾，江上蟬鳴之稻。雞臘雉臞，鱉醢鶉羹。棋下肥腴，荷間細鯉。鵝子鴨卵，照曜於銀盤；麟脯豹胎，紛綸於玉疊。熊腥純白，蟹醬純黃。鮮膾共紅縷爭輝，冷肝與青絲亂色。蒲桃甘蔗，軟棗石榴。河東紫鹽，嶺南丹橘。敦煌八子柰，青門五色瓜。大谷張公之梨，房陵朱仲之李，東王公之仙桂，西王母之神桃。南燕牛乳之椒，北趙雞心之棗。千名萬種，不可具論。」這裏有海中和陸地的珍美餚饌，還有大江南北的果品蔬菜，其中提到葡萄甘蔗，軟棗石榴等果品，都屬於「舶來品」。

中國的古典情色（所謂風月之事），與中國的美食一樣，都是傳統文人喜好用濃墨重彩去描繪的對象。兩者都

指向感官慾望，相互映襯，可謂唯有美食與愛情不可辜負。對了，我想到一位當代的享樂主義的美食大師——香港的才子蔡瀾。食色本性與李漁有一拼。早年在寫作之餘，也拍了不少情色影片。後來拍攝美食節目，身邊永遠是兩三位與節目不搭邊的美女，陪伴左右。美女加美食，不能不說蔡瀾知道如何吊觀眾的胃口。

「性科學」與「性藝術」

法國後結構主義哲學家福柯（Michel Foucault）在他著名的《性史》（*History of Sexuality*）一書中，以系譜學為基礎，加之現代心理學，將「性意識」和「性行為」與意識形態的權力放在一起考察。由此，性壓抑假說與壓抑的權力觀，是福柯的《性史》所有呈現的主題。福柯說：「我們社會的眾多特徵之一，便是熱衷於談性……對被性的強烈好奇心所驅使，拼命要問出它的究竟，懷着熱切的渴望要聽它談、聽人談它，迅速發明各種魔戒想使它放棄謹慎……性，可用來解釋一切。」（福柯：《性史》）福柯認為，性壓抑說背後隱藏着壓抑的權力觀。所以我們只有拋棄壓抑的權力觀，才可以重新從策略的觀點去理解甚麼是權力，並由此真正掌握到性事的系譜以及性這件事。福柯把性分為兩個傳統，一個是「性科學」（scientia sexualis），另一個是「性藝術」（ars erotica），前者注重

性的知識，以權力為基礎；後者注重性的經驗，以快感為基礎。福柯認為中國人的性觀念以及房中術屬於「性藝術」，對人的肉身以及感官經驗抱有開放的態度。而現代西方的「性科學」是基於壓抑的假設，而這種壓抑的假設本身，按照福柯的解釋，是知識和權力的性行為之間聯繫的產物和表達。

福柯試圖用「性科學」和「性藝術」說明人類性歷史為甚麼會有時性奔放、有時性壓抑，而不同的性意識與社會的意識形態必不可分。但這並不意味性壓抑是社會自上而下的結果，而是自下而上的自我禁制的結果。其實，福柯對中國的房中術的認識是有誤解的。作為道教內丹修行的重要組成部分，房中術的性並非只是「性藝術」，而是中國思維的「性科學」，即陰陽生化的思想。性的主要目的除了延續生命，還是修煉長生不老的手段。道教的房中術基於「積精治身」的概念，是內丹存思法的一部分。男女性事包括神靈的交感，其功能不是「性藝術」可以概括的。正如中國古代房中術創舉之作《素女經》所言：「交接之道固有形狀，男以致氣，女以除病，心意娛樂，氣力益壯，不知道者則侵以衰。欲知其道在安心和志，精神統歸……定身正意，性必舒適。」

但就中國傳統的情色文學來說，如上述所提到的唐代情色小說和李漁的小說，福柯的「性藝術」理論有一定的道理。總體而言，福柯揭示了性科學與性愛藝術的對立，但這種二元劃分還是西方式的而非中國式的思維模式。

「非二元」思維或「關聯性」思維，是理解中國傳統對食色的認識。這種思維的前提是身體與精神的統一性，故能接受「飲食男女，人之大慾存焉」的說法。當然，中國文化中也有「談性色變」的一面，這一點在宋明理學的傳統中表現得尤為明顯，像「存天理，去人慾」的說法。由此才會產生李漁這樣的文人，對儒家的「假道學」、「偽君子」進行無情的諷刺。在一定的角度看，李漁稱得上是一位啟蒙思想家，他敢於挑戰朱熹理學對儒家的詮釋，要求對傳統的禮教以及被社會視為至高無上的「聖賢」和「經典」進行「重新評估」。就此一點來說，李漁頗有德國哲學家尼采的風範。當然，李漁之所以這樣做，或許是因為他沒有考上科舉，沒有成為體制內的一員，我們才有食色文人李漁。

「世間奇事無多，常事為多；物理易盡，人情難盡。」這是李漁對人生的感悟。享樂主義的林語堂，當然會欣賞李漁。做一位會吃、會寫、會生活的文人，這不也是林語堂的追求？

chapter

8

尼采的
吃相

尼采的「酒神精神」

　　德國哲學家尼采（Friedrich Nietzsche，1844-1900）
是歐洲 19 世紀最有影響力的思想家之一，被認為是西方
現代哲學的開創者。尼采雖然天資聰穎，四歲就開始閱
讀，但是卻從小孤苦伶仃，終日沉默寡言。少年時代，
尼采在他家附近的佛爾塔學院讀完了中小學，之後選擇
了波昂大學讀古典學，後來又轉到萊比錫大學（Leipzig
University）攻讀同一個學科。在萊比錫的兩年中，尼采遇
到他的恩師、古典學教授李契爾（Friedrich Ritschl，1806-
1876），以及對他影響至深的另一位德國哲學家叔本華
（Arthur Schopenhauer，1788-1860）。李契爾影響了尼采對
語言學的興趣，而叔本華的悲劇哲學觀影響了尼采對權力
意志的思考。年僅 24 歲時，尼采就成為了瑞士巴塞爾大
學的德語區古典語文學教授，專攻古希臘語和拉丁語文獻。

　　由於從小就接觸教會音樂，尼采對音樂產生了濃厚的
興趣。自 15 歲他便特別喜歡理查德‧華格納（又譯瓦格
納 W. R. Wagner，1813-1883），1869 年尼采正式與華格
納見面，並成為華格納的追隨者。尼采甚至自己嘗試作詞
作曲，幻想自己哪一天能成為華格納那樣的偉大音樂家
（我們在 YouTube 上可以找到尼采創作的音樂作品）。也
就是在這個期間，尼采開始構思他的第一部學術專著《悲
劇的誕生》（*Die Geburt der Tragödie aus dem Geiste der
Musik*），並將此書獻給他所崇拜的華格納。從表面上看，

《悲劇的誕生》是探討悲劇的起源，但實際上是反思歐洲現代社會過度重視理性所帶來的文化價值危機。

說到這部舉世聞名的美學著作，其靈感來自尼采所迷戀的希臘酒神狄奧尼索斯（Dionysius）以及他所代表的世界觀。在古希臘神話故事中，狄奧尼索斯是酒神和音樂之神，同時也代表死亡與新生之神。根據歐里庇得斯的《酒神的伴侶》的記載，狄奧尼索斯是宙斯和忒拜公主塞墨勒的兒子。狄奧尼索斯的神話當中最吸引人的就是與他相伴的迷醉和狂歡，也就是尼采所說的「狄奧尼索斯精神」（Dionysian Spirit）或「酒神精神」，意指人在狂醉中放縱自我、與自然交融的精神境界。與「狄奧尼索斯精神」相對應的是「阿波羅精神」（Apollonian Spirit）或「日神精神」，它代表從古希臘時代發展起來的理性傳統。換言之，「酒神精神」是激情與混亂，「日神精神」是理性與秩序。尼采以這兩種精神作為範式典型，並以醉境和夢境分別形容酒神狀態和日神狀態。尼采認為，日神狀態在很大程度上壓制了人的主觀感受和直覺，同時還否定和逃避了人類悲劇和瘋狂的事實。而酒神代表的感性和非理性，卻因此肯定了人性和真實──這也正是這個時代所需要的。在其自傳體作品《瞧！這個人》（Ecce Homo）中，尼采指出此書最偉大的兩個洞見：一是發現酒神精神作為人生救贖的力量；二是指出古希臘文化衰微的原因是由於蘇格拉底哲學的出現。尼采強調，痛苦只不過是追求快樂意志的結果。人不應該迴避痛苦，相反，人在痛苦中體驗

真正的生命的誘惑。

　　尼采如此頌揚酒神精神，那麼生活中的尼采會不會嗜酒如命呢？恰恰相反，尼采幾乎滴酒不沾。他平時只飲水，早晨會喝茶，偶爾喝些牛奶，但不喝咖啡。據說尼采對酒精的厭惡與他對基督教的厭惡如出一轍：因為兩者皆麻痺了人們的感官，讓人將希望寄託於一個虛幻的現實，從而消滅人的意志。也就是說，在尼采看來，歐洲文明有兩大毒品：酒精和基督教。酒神精神就是擺脫理性或宗教戒律的束縛，回到人的激情、生命力和創造力，以真摯與熱情達成反世俗教養中的內在獨創價值。說到酒神精神，我就不禁想到魏晉時期的劉伶、阮籍等竹林七賢和他們飲酒作詩的形象。我猜想，尼采不飲酒，是否與他的身體狀態有關。在與華格納相識的第二年，普法戰爭爆發，尼采自願從軍並擔任看護兵，結果染患赤痢與白喉不得不退伍，後來身體狀況一直不佳，尤其是飽受胃痛和消化不良的影響。當然，也有部分學者將尼采對酒精的厭惡與他少年時並不愉快的醉酒經驗聯繫起來。但無論如何，就酒神精神這點，竹林七賢比尼采更是身體力行。

把哲學拉回身體

　　或許正因身體狀況，尼采非常重視飲食的營養。他曾經嘗試素食，後來放棄了，反而迷上肉食。不但如此，尼

采開始攻擊那些主張素食主義的人士，認為素食者把吃素食變成一種宗教信仰。是啊，尼采筆下，那個具有反抗象徵的獅子，怎麼可以是素食主義者呢？所以尼采說，智商高情感豐富的人，是需要肉（火腿）的滋養。與此同時，尼采批評現代人消極飲食的習慣，堅持將飲食與肯定生命的哲學觀聯繫在一起。尼采的飲食理念和習慣可以參見於他的自傳體一書《瞧！這個人》。在書中，尼采從人的胃出發，探討肉體和精神的實質。尼采認為，傳統哲學的弊病在於，當哲學家在思考時，他們時常忘記自己的身體，特別是進食時身體裏累積的東西，以為自己只有大腦和靈魂。所以，尼采要把哲學拉回身體，拉回胃的消化的體驗。正如翁弗雷所描述的那樣：「我們首先要忽然發現食物，然後讓身體從食物出發，追上其精神並對之發號施令。」這就是尼采的身體哲學與傳統的形而上學的不同之處。在《快樂的科學》（The Gay Science）中，尼采問到：飲食是否有道德影響？有沒有食物的哲學？尼采之所以提出這樣的問題，是因為他的哲學開始「身體的轉向」的範式。

尼采指出，身體是由各種力量所構成的有機體，這種力量是多元的、是不可簡約的。（吉爾·德勒茲：《尼采與哲學》）因此，尼采嚴厲抨擊傳統哲學中對身體的蔑視和否定，這是對生命本身的蔑視和否定。尼采指出，我們必須承認一個主宰的存在，但這個主宰不是只存在意識中，因為意識屬於器官，如同人的胃。（尼采：《快樂的科學》）

法國哲學家米歇爾‧翁弗雷（Michel Onfray）指出，尼采是在身體經驗的基礎上做出「生命奮鬥」的主張。他進一步指出，尼采《快樂的科學》的一書「認證了人的肉體與思維是相關聯的，並且提到，由於肉體的複雜而脆弱，或是說，由於肉體被病態的敏感所糾纏，所以肉體更能成為思想的源頭。沒有過於敏銳的感覺，就不可能存在思維。思維是肉體存在的象徵，思想是肉體存在的證明。」（翁弗雷：《享樂的藝術》）尼采的哲學與飲食之道密不可分，因為瘋狂是要有美食做基礎的。

但為了健康的身體，尼采的飲食講究節制的必要：不要食用過多大米、土豆這類碳水化合物的食品（米飯和土豆多餘的葡萄糖就會被轉化為脂肪，而且它們所導致的不良消化會造成「思考和感覺的麻痺」）；不要食用過少肉類，如牛扒、火腿；另外，避免過於刺激性的飲食（如酒、咖啡），以此達至在必要飲食與健康飲食之間的一種和諧。除了飲食的本質和性質，尼采在飲食學裏加入進食方法、用餐方式以及操作要求。譬如，首先要了解胃的大小，其次，與其吃清寡的，不如吃豐盛的，胃裝滿了，消化就更容易了；最後，算算在餐桌上花的時間，不能太長，否則胃會過於阻塞，也不能太短，以避免胃部肌肉用力過大和胃液分泌過多。（米歇爾‧翁弗雷：《哲學家的肚子》）有意思的是，在尼采眼裏，食物消化問題類似知識進程中的詮釋和理解。消化不良就像一個人或一種文化接觸了某些知識，但卻無法去掌握它們和轉化它們。知識不

是「已在那裏」的客觀事實或思想，而是要作用於人的意識和生活經驗的東西，必須是體驗過的（即消化過的）東西。這裏值得提及的是，尼采把他自身對西方傳統思想的不適，比喻為一個人坐在了一張不適合自己飲食習慣和飲食夥伴的餐桌前，但他必須面對應該如何應付這頓飯局。（尼采：《善惡之彼岸》）實際上，在尼采早期和中期的作品中，他常常用「消化」的概念指代現代主義對歷史的不適之感，稱這種現象為「現代知識論上的飲食失調」（modern epistemological eating disorder）。

尼采常常會詬病在他眼中的德國菜餚：厚重油膩、缺乏細緻，並指責一般德國人吃每道菜都要配大量的葡萄酒和啤酒，認為這種習俗既缺乏品味也不利於健康。與此同時，尼采把德國菜的失敗原因歸罪於女性——德國的家庭主婦們，說「女人用恐怖的無知完成煮食這項任務」；「做飯的女人糟透了，廚房裏沒有絲毫理智，所以人的進化才延緩了最為漫長的時間，受到最為嚴重的損害。這個狀況在今天幾乎沒有任何好轉。」（米歇爾・翁弗雷：《哲學家的肚子》）尼采喜歡諷刺、挖苦女性，尼采的崇拜者都知道這一點。那句著名的「你要去女人那裏嗎？別忘了帶上你的鞭子」，成為後來女權運動中的所批判的「厭女症」（misogyny）的樣板。然而，尼采在《瞧！這個人》中寫道：「也許我就是闡明永恆女性的最初的心理學家。」我們如何看待尼采的女性觀呢？在西方傳統文化中，女性被看作被理性所排斥的「他者」，作為反傳統價值觀的尼

采，應該為女性說話才對呀。

　　其實，真有早期的女性主義學者為尼采做辯護的。譬如，《作為女人的人》一書的作者露‧安德烈亞斯‧莎樂美（Lou Andreas-Salomé）堅持認為，尼采自身的精神本性蘊含着某種女性的東西，他的創作本質上是一種女性的創作。莎樂美是 19 世紀末俄羅斯著名的心理學家和作家，對宗教和哲學充滿熱情。在羅馬，莎樂美見到了她所崇拜的尼采，尼采也對她一見傾心。遺憾的是，兩個人最終並沒有走到一起。後來大多尼采學者都認為，單從尼采哲學的角度看，他的思想充滿了女性（feminine）的符號：大地、身體、狄奧尼索斯、生命、激情。他們甚至認為，在尼采那裏，「真理是女性」，而這種女性真理觀解構了以理性中心主義為主旋律的西方傳統哲學。同時，也有學者將尼采對女性的負面性表述歸於尼采與他現實生活中的兩位女性（他的母親和妹妹）的不愉快經歷。我們可以判斷的是，尼采的女性觀存在着矛盾的一面。這種矛盾性也反映在尼采的飲食觀上。

　　《尼采與伊壁鳩魯：自然、健康和倫理學》（Nietzsche and Epicurus: Nature, Health and Ethics）是一部少見的將尼采與古希臘哲學家放在一起審視的論文集，主題是圍繞健康、苦難的哲學。前面，我們談論過伊壁鳩魯的哲學以及這一學派與美食的關係。其中有篇文章頗有趣，題目是〈美食家：同伊壁鳩魯和尼采共進七道餐〉。這七道餐是「給嘴巴的娛樂」（即食前小點：亞里士多德的名句

「食慾是人的天性」）、「湯」（代表隱喻或真理，或二者都不是）、「開胃菜」（代表歷史相似之處）、「主菜」（main course，代表食物和道德）、「主菜」（Plat principal，代表美食或胃的原則）、「甜點」（代表品嚐哲學）、「消化」（代表吃尼采）。（Ryan J. Johnson: *The Gastrosophists! A seven-course meal with Epicurus and Nietzsche*）作者以幽默的筆法展示尼采哲學與伊壁鳩魯／享樂主義的關係，並創造一個新詞：gastrosophia（美食哲學）。所謂美食哲學，就是認真地對待胃，思考人和飲食的關係。

食肉與「權力意志」

如何消化食物一直是尼采關心的問題，這顯然與他自身腸胃不好有關。他常常提醒自己要避免油膩的飲食方式。尼采強調飲食節制，但他對肉食的鍾愛可以說是毫無節制。尼采喜歡肉的味道，尤其是火腿（以威魯瓦火腿為上）和香腸。他寫給母親的信裏大多是要火腿、香腸這樣的肉類食品。他也喜歡牛排、野味，皮埃蒙特出產的白松露、燉肉等。上帝死了，但肉類食物不能死。由此，尼采為吃肉食尋求理論根據。他認為，智力產出多、情感豐富的人，需要肉的蛋白質的補充，尤其是要做「超人」（Übermensch）或「人上人」，吃肉更為重要。我們可以想像哲學家在一串串香腸下撰寫《反基督——對基督教

的咒詛》（Anti-Christ）的情形。世界就是一種無始無終、追求強力、權力的意志，積極創造，追求統治、奴役和支配。每種事物都有成長壯大、向外進發和向上衝創的意志。人活着應當堅強，經得起磨練、失敗和痛苦。面對苦難，也要有戰鬥的精神。在尼采看來，肉類食品不但可以提升應對世界的智慧，還可以增加人們面對生活的勇氣。尼采告誡我們：人類的拯救不能靠「神」的他度，而是靠「吃」的自度。

尼采提出的「權力意志」（will to power），成為尼采哲學中核心的思想。這個經過中文翻譯的術語常常被誤解，認為「權力」具有強烈的政治意涵。實際上，尼采的「權力意志」（也可以理解為「強力意志」，是一種生活態度，是一種新的貴族精神（aristocratic spirit）。也就是說，「權力意志」的指向，不是人與人的關係層面，而是個體的心理層面。換言之，「權力意志」代表追求卓越和高貴，與一般人不同的氣質。這種高貴不是血統的高貴，而是生命內在的高貴。也就是說，直面人生的痛苦與虛無、乃至永恆的回歸（即無目的之循環），讓生命活出真實、活出色彩。尼采把逃避人生、拒絕痛苦的「超脫之人」（the ultimate man）稱之為沒有個性的「末人」，認為末人「放棄了一切理想和抱負，也放棄了痛苦。他按部就班、得過且過，追求此刻的舒適和滿足，他完全受自我保存的慾望所驅動；所有的潛能、所有的積極性和主動性、所有的超越性都被迫棄了。他們沒有渴求、沒有愛、

沒有創造……不再生長、不再勃發……享受平庸的安逸。」（尼采：《查拉圖斯特拉如是說》）所以，「權力意志」意味着拒絕平庸和軟弱。同時，「權力意志」與價值的「重新評估」（reevaluation of evaluation）密切相關，尼采希望透過「權力意志」，把歐洲帶出虛無主義的迷茫，或者說，尼采試圖以「權力意志」取代傳統形而上學的「本體」或「物自身」（thing-in-itself；康德稱 Noumenon）。這樣一來，有學者認為，「權力意志」實際上是尼采哲學體系中一個全新的形而上學，即一種「宇宙—邏輯的教義」（the cosmo-logical doctrine）。

我們在讀尼采的《快樂的科學》時，都不會忘記書中一個著名的段落：「他叫道：『神到哪裏去了？我告訴你們吧！是我們殺了神 —— 你們和我 —— 我們都是殺神的人，為甚麼要這樣做啊？……看！我們不是在無邊的虛空中徬徨迷失了嗎？可不是該白天提燈了嗎？掘墓人葬神的喧嘩還沒有聽到嗎？神腐臭了沒有？—— 神已腐爛了！神已死！神沒有活！是我們殺了神！我們是兇手中的兇手！如何安慰自己呢？我們已經用刀刺死了世界所曾擁有過最神聖、最有力的 —— 誰能拭去我們滿身的血跡？甚麼水能洗淨我們的身體？甚麼方式能贖我們的罪？啊！多麼神聖的音樂，對我們來說，這件工作不是偉大得過分了嗎？我們竟然有完成此事的資格，那我們自己不也可作神了嗎？沒有比這更偉大的工作了 —— 後來的人，因為我們所做成的，將要升入歷史更高的一層。』」我曾經認

為，這是尼采喝了酒之後的醉言。後來知道尼采不喝酒，一直納悶這樣的瘋話是如何產生的。現在明白了，肉吃多了，也會有這樣的效果！我可以想像，尼采一手拿着火腿腸，一手奮筆疾書的樣子。

然而，尼采的飲食實際上很難做到他所說的節制。這裏的一段記載來自翁弗雷對尼采的描述：1877 年，他的飲食安排為：中午：速成湯，餐前喝四分之一罐，兩個火腿雞蛋三明治，六到八個核桃加麵包，兩個蘋果，兩塊生薑，兩塊餅乾；晚上：一隻雞蛋，麵包，五個核桃，甜牛奶加一個麵包片或三塊餅乾。1879 年 6 月，他吃得還是這麼多，增加了無花果，或許為了減輕胃痛，牛奶的分量

尼采告誡我們：人類的拯救不能靠「神」的他度，而是靠「吃」的自度。

加倍。幾乎沒甚麼肉，肉太貴。1880 年之後，他寫給母親的信裏大多是要香腸、火腿。他抱怨火腿醃製得不細緻，請母親不要再給他寄梨子。在瑞士的恩加丁居住期間，尼采很擔心食物供給，盡力確保買得到醃牛肉罐頭。1884 年，他在信裏寫到自己悲慘的垮掉的身體：胃痛、劇烈的偏頭痛、眼睛痛、嘔吐，午餐只吃一個蘋果。翁弗雷指出，尼采的飲食實踐與他的飲食理論存在巨大的鴻溝。正如尼采自己所言：「我是一樣東西，我寫的是另一樣東西。」翁弗雷指出，尼采式的飲食實際上是「一種夢想的道德，一種幻想的關注，一種可能導致消化不良的進食咒語。」（米歇爾·翁弗雷：《哲學家的肚子》）

　　在《道德之系譜》（*On the Genealogy of Morals*）中，尼采透過查拉圖斯特拉的嘴這樣說道：「我的胃——也許是一隻老鷹的胃吧？因為它最愛吃羔羊的肉。可是不管怎樣，它肯定是一隻飛禽的胃…… 這就是我的本性：我怎能說不是有點飛禽的本性呢！」這裏，尼采不僅談論了吃肉的本性，而且暗示了一種消化的力量。消化在這裏意味着解釋的形式：人不僅僅是被動地攝取食物或成為他所攝取的食物，而且食物與食物消費者之間存在一個互動。食物的轉化能力過程，亦是食物消費者的「自我」交替代謝的過程。因此，食物的選擇是一種價值的評估和判斷，其結果直接影響「自我」的交替與代謝的過程。尼采把控制飲食的營養看作「品味製造者」（tastemaker），宣稱：「你不能只靠嘴巴飲食，而是要用腦袋飲食。」（Robert

Valgenti : *Nietzsche and Food*）。

美國尼采研究學者毛德瑪麗・克拉克（Maudemarie Clark）指出，尼采的「權力意志」是以經驗而不是以形而上學為基礎的。「權力意志」可以看作是尼采慾望論證中的第二序（a second order of desire）；需要得到滿足的慾望，譬如人的食慾和性慾則是第一序（first order）。由此推論，「權力意志」是種後設慾望，其作用是確保第一序慾望（first order desires）的滿足，因為所有的慾望都是權力驅使的，或是為擁有權力尋求藉口。（Maudemarie Clark : *Nietzsche on Truth and Philosophy*）把這個推論放入尼采的飲食慾望以及他由於權力的慾望而對食慾的預設和依賴中，我們可以看到「權力意志」內在的自我矛盾性，但尼采沒有刻意逃避這一矛盾性的存在。

對於尼采，如果身體是體現「倫理的現場」，那麼人的胃以及他所消化的食物，自然也成為倫理的現場。無論如何，飲食體現了身體消化的自由精神。所以，尼采才會大言不慚地宣稱：精神（spirit ／Geist）就是人的胃！（尼采：《善惡之彼岸》）

食慾和胃的消化，是權力意志的開始。

chapter

9

小資「布波族」
的
口味

......

「知食分子」的品味風格

自從《紐約時報》專欄作家大衛·布魯克斯（David Brooks）在 2000 年出版的一本暢銷書《布波族：新社會精英的崛起》（*Bobos in Paradise: The New Upper Class and How They Got There*），布波族文化就開始在全球流行，包括布波族的飲食文化。「BoBo」一詞是英文 Bourgeois（布爾喬亞）和 Bohemian（波西米亞）兩個單詞的合拼，意指兩種文化氣質的融合。說白了，就是「嬉皮士」（Hippies）和「雅皮士」（Yuppies）的融合，或者說，「嬉皮士」開始從重精神轉向重物質了。上世紀 90 年代，布波族在美國開始興起，代表新經濟的崛起和新興上層和知識精英的出現。他們有錢、有文化，講究品位，但同時關心環保、關心社會公義。他們認為，工作是個人創新的機會，是心靈充實的需要；但與此同時，他們認為最理想的狀態是能將自己的夢想轉成產品，獲得經濟上的效益。布波族的口號是：追求自由、挑戰自我、獲得心靈上最大的滿足。雖然都懷揣發財夢，但布波族與美國傳統基督教的靈恩、致富、揀選等思想有很大的差異。

布波族對生活的品味有一定的要求，這也反映在他們對食物的要求上。首先，他們要求食物是有機的，沒有農藥的侵蝕；其二，以蔬食為主，理由主要是兩個：政治正確（不殺生）和健康考量（防止三高）；其三，在美食類別上，他們喜好混搭的菜系，這符合布波族追求文化多元

的潮流。最近《旅人誌》（*Traveler Luxe*）刊登一篇文章，介紹法國布波族所倡導的「環保蔬食主義」。何謂「環保蔬食主義」？它對食品的要求是低碳排放、有機天然及無麩質。引領這一綠色蔬食風潮的人物是一位叫馬格的女孩（Angèle Ferreux-Maeght），她是法國著名藝術商人的重孫女，也是時尚界的達人，掌控像 La Guinguette d'Angèle 和 L'Alcazar 等多家高檔環保蔬食餐館。馬格把飲食當作自然療法（有些類似中國傳統的食療法），積極推廣健康蔬食的生活模式。我們可以看出，布波族注重物質享受，但同時喜歡談論環保和健康議題。

「環保蔬食」目前成為巴黎時尚與品味的代名詞。「蔬食主義」是「素食主義」的另一種說法。法國名廚侯布雄（Joël Robuchon）宣稱：蔬食將是未來十年料理的主流。巴黎有兩家主打蔬食的米其林三星餐廳，一家是 L'Arpège，另一家是 Alain Ducasse au Plaza Athénée。兩家的主人皆法國一級廚師，但他們的餐廳卻不是以像肥肝醬，封鴨腿，勃艮第燉牛肉等這樣的法國名菜著稱，而是以素食為主的食品。從開胃菜到主菜，再到甜品都十分精緻，在口味上展示了廚師的創意，儘管有些也屬「食物色情」類的美食。布波族少不了光顧此地，並以宗教般情懷把這類的餐廳看作他們朝聖之地（現在有的餐館，直接起名為 Pilgrims Pantry）。低碳排放、有機天然及無麩質——這就是布波族的一場「飯桌革命」。看來不把「無肉不歡」的老傳統徹底打翻在地，他們是誓不罷休呀。

美國的布波族當然不能輸給法國的同道。*Vogue* 時尚雜誌大力推薦唯素主義的環保蔬食之道。2019 年《經濟學人》年刊主打的文章的主題是：為甚麼現時吃素很「潮」？文章指出，美國二、三十歲千禧世代中，甚至有高達四分之一是素食者，他們是美國「素食運動」（vegan movement）主力軍，而那些還在大口吃肉的人似乎已經與時代脫節。有些娛樂場所為了迎合部分人「偽素食主義」的喜好，推出「蔬食美食遊園手冊」，像純素三明治、純素熱狗、純素西南起司漢堡等速食。

　　在健康飲食的口號下，科學和廚藝巧妙地結合起來，出現了美式的「美食法則」（molecular gastronomy）以及與它相配的各式高檔的蔬果攪拌器。當然，美國的布波族也非常講究餐館的「質感」，尤其是像加州矽谷這種布波族聚集的地方，如 Loving Hut、Mint and Basil，都是價位偏高的素食餐館。有些餐館的裝修故意做舊，營造出恍若使用已久的生活感。除了「環保蔬食」，一些布波族喜好東西合併的混搭的美食（fusion cuisine），這些美食不一定都在素食範疇，但也受到 hipsters（時尚青年人）的熱捧，如意式三杯雞麵、打拋蛤蜊麵、甜酸花椰菜、松露麻油雞燉飯，還有改良後的日本壽司、泰國咖喱燉鴨等。

環保蔬食的食尚

　　其實，「環保蔬食」餐廳往往價格不菲，自稱是樸實與豪華的結合體。精緻的美食配合布波族的優雅氣質，餐廳的設計大多帶有藝術情調。譬如 L'Arpège 就出自名設計師之手，其 20 世紀初的「新古典」裝飾藝術的傢具與佈景，讓顧客置身於歐洲第一次大戰之前的黃金時代。由此，「環保蔬食」餐廳外在的酷、炫、型，會與傳統「素食者」的低調形象有些反差。另外，「素食者」的概念一直不是很清晰：有些人完全不碰任何肉類，有些人會吃雞蛋和奶製品，有些人不吃一般肉類但吃魚類。我的一位朋友稱自己是「鍋邊素」，英文是「彈性素食主義者」（flexitarian）或「半素主義者」（semi-vegetarian）。這類素食者基本上食素，但有時可以因具體原因，打破習俗。

　　我以前還有位印度同事，自稱是位素食主義者，但卻吃雞肉。問他何故，答曰：雞肉是蔬菜類（當然是玩笑話）。素食主義以往大多與宗教信仰有關，如印度教、佛教（但不是所有佛教徒都是素食者）。基督教傳統中也有禮拜二只吃魚不吃肉的習慣。猶太人吃 Kosher 食物，即「適合的」或「適當的」的食物，其中有「奶類與肉類不可混吃」的習俗，但不是所有的肉類都不能吃。穆斯林的清真食品也非全是素食，但他們對肉食（像牛羊肉）的屠宰方法有一定的講究，素食的製作過程也有自己的一套方法。

布波族的「素食主義」大多與宗教信仰無關，主要是環保和健康的考慮。對有機蔬菜和瓜果的要求首先來自對保護土地，要求食品無污染、無公害，並維持生物多樣性。食品與環保的話題近些年一直很熱，這與全球環保意識的抬頭有關。提倡綠色生活，首先要提倡綠色食品，這是後現代對所謂「人類進步」的反思，也是對早已消失的「田園生活」的一種懷舊方式。現在綠色食品有很多名稱，如「生態食品」、「自然食品」、「藍色天使食品」、「無公害農產品」、「健康食品」、「有機農業食品」等。其實，「有機」也好「自然」也罷，並不是指食品（如糧食、蔬菜和水果）本身，而是指它們的生產和加工方式是有機和自然的。也就是說，生產和加工過程沒有使用任何人工合成的化肥、農藥、生長激素、飼料添加劑等「非自然」的手段。

　　從健康的角度，人們更在意吃進肚子裏的食物是否符合多纖維、低脂、低膽固醇的健康標準。由此，我們看到美食的悖論：有了健康，破壞了美食。著名美食家蔡瀾曾經說過，享受美食意味着在健康上做出一點犧牲。吃貨能吃出健康，不是一件容易之事。可見布波族在享用美食上是有節制的，所以他們被稱作 mindful foodists（慎食者），或可稱作「知食分子」。布波族追求自由，但這個自由首先是自由地不去做甚麼。管住自己的慾望就是要管住自己的嘴。不是有機的不看，不是綠色的不睬。不知從幾時起，鄉下人的食物華麗轉身為精英食物。

殊不知，只要打上「有機食品」或「綠色食品」的認證標誌的食品，價格就會比一般食品翻一兩倍。有機食品完全禁止使用化學物質，而且對生產環境的要求更為嚴格，所以比低殘留的農藥以及化肥等化學物質的綠色食品價位更高，而綠色食品中又有 AA 級和 A 級的劃分。由此可見，「生態食品」不僅僅是生態問題，也是經濟問題以及由此產生的階層問題。「你的飲食說明你的階級成分」，這一點布魯克斯在《天堂裏的布波族》一書中已經做出明確的表述。他提到那些布波族喜歡光顧的咖啡廳（如 Chez Panisse Café、Peet's Coffee）以及那些「舒適、典雅」的餐館。布魯克斯對布波族多多少少帶有嘲諷，他認為在自由、個體、創新的光環背後，是布波族自以為是的虛榮和淺薄。布波族在消費主義盛行的社會中，和其他人並無本質的區別，只是他們比美國「鍍金時代」的「土豪」（nouveau riche）顯得有文化、有品位：他們會買做舊的傢具，會到 Whole Foods（美國一家有機食品連鎖店）買昂貴的乳酪，到高尚素食餐廳點精美的什錦沙拉。他們在秩序中尋求放蕩，在放蕩中尋求秩序。

舌尖上的波西米亞

按照布魯克斯的解釋，布波族一隻腳踏在追求新奇的波西米亞（Bohemian）世界，另一隻腳踩在雄心勃勃、

尋求塵世成功的布爾喬亞（Bourgeois）王國的現代精英群體。按照布魯克斯的解釋，布波族不像老一輩 WASPs 那樣思想保守，喜好附庸風雅，裝腔作勢，而是用另一種方式表現他們崇尚藝術，崇尚自然，追求品味（位）的心態。他們在文化上一般比較開放，即便不是民主黨的支持者，也會說自己是一個「文化自由派」（cultural liberal），鼓吹「文化多元主義」（multiculturalism），熱衷於異族風土民情（exoticism），提倡「知識資本」與「文化產業」完美地結合。布波族在食品上的口味，也證實了這一點。

英國作家伊麗莎白・維爾遜（Elizabeth Wilson）在《波西米亞——迷人的放逐》（*Bohemian: The Glamorous Outcasts*）一書中曾經寫道：「波西米亞是一種思想，是一種神話的化身。這個神話包含罪惡、放縱、大膽的性愛、特立獨行、奇裝異服、懷舊與貧困。」英文 outcast 一詞帶有「在社會階層之外」、「不被社會接納」的意涵。而貧困二字，更是凸顯波西米亞作為底層社會一族的特徵，正如普契尼著名歌劇《波西米亞人》中的三位藝術家那樣。由此看來，布波族更近乎小資，而非波西米亞。他們不但不是「在社會階層之外」，而且是被人羨慕的社會精英分子。難怪布魯克斯說，布波族既要錢又要閒，若是二者不能兼顧，他們還是寧做有錢的忙人，不做有閒的窮人。說到底，這些現代精英還是法國作家福樓拜（Gustave Flaubert）筆下的布爾喬亞，因為他們到底不能像真正的

從健康的角度，人們更在意吃進肚子裏的食物是否符合多纖維、低脂、低膽固醇的健康標準。

由此，我們看到美食的悖論：有了健康，破壞了美食。

波西米亞族那樣灑脫超俗、無拘無束，到底還是喜歡炫耀他們所駕駛的名牌車子，以及他們所居住的郵政區域號碼（zip code）。今天我們所說的波西米亞，更是一種形式上的東西。從這個意義上看，維爾遜說的有道理：一方面波西米亞已經死了，另一方面，波西米亞又是無所不在。只可惜，很多時候，我們追求波西米亞風格就像追求時裝一樣。本來想是與眾不同，到頭來反而成為自願從眾的一分子。但願「素食運動」不要從時尚成為從眾，這是我們對任何「運動」，都要有所小心的事情。

日式「精進料理」

與歐美布波族的「環保蔬食」相似、但又有所不同的是近年在日本流行的「精進料理」（shōjin ryōri）。從名字上看，「精進料理」是帶有佛教意味的佛門禪食。這種料理不以肉類或魚類作為主要食材，而是會隨季節轉變而更改食材的搭配。「精進」一詞來自菩薩修行的方法之一，原意指不懈怠放逸，現指佛門禪寺中的沒有五辛的素食料理。這種料理方法源自中國，後隨佛教傳統一起傳入日本，並形成日本特色的料理方法。起初，精進料理只是面對出家的僧侶，後逐漸擴大為一般人。隨着旅遊文化的深入，精進料理成為日本美食遊的一部分。由於以順應自然為主，多使用當季食材烹調，精進料理被稱為日本料理的

「原點」，既有精神上的修煉，亦有健康的食品。

　　大豆在精進料理的食材上佔很大的比例。由於是素食，大豆成為蛋白質的主要來源。以大豆為基礎的豆製食物種類繁多，如豆豉、醬油、味噌、豆漿、豆皮、豆腐等等。另外常用的食材有野菜、根菜類、香菇、麩、蒟蒻、蘿蔔、竹筍、昆布等。同西方的「環保蔬食」類似，精進料理對食材非常考究，蔬菜（包括野菜）要做到當季新鮮、飽滿甘美。廚師要考慮每道蔬菜自身的味道和特點，而不是用作葷食的方法來做素食。受到佛教傳統的影響，精進料理的製作過程嚴格按照戒律的指導，在五法（烤、煮、炸、蒸、切）、五味（甜、辣、酸，鹹、苦）、五色（紅、綠、黃、白、黑）三原則上下功夫。除了味道的把握，精進料理也強調食物在視覺上的美感。不同顏色和形狀的食物選用不同顏色和形狀的日本陶瓷或漆器盛裝，質樸中透露出精緻。在味覺之外，也展示了視覺上美的饗宴。食客在品嚐美食的同時，還可以欣賞擺盤的色彩和美感，品嚐吃進嘴裏每一口味道的組合、搭配和轉變。

　　精進料理有時也被稱之為「食養料理」（macro-biotics）。除了受中國傳統醫學和道教食療中的陰陽平和思想影響外，還融入了西方的營養學以及主張簡單生活與愉悅相互調和的理念。中國傳統的食養重在自然與平衡，提倡「醫食同源」和「藥膳同功」。譬如，唐代道士醫學家孫思邈在《千金方》中說到：「善攝生者，薄滋味，省思慮，節嗜欲，戒喜怒，惜元氣，簡言語，輕得失，破憂

阻，除妄想，遠好惡，收視聽，勤內固，不勞神，不勞形，神形既安，病從何來？故善養性者，先飢而食，食勿令飽，先渴而飲，飲勿令過。食欲數而少，不欲頓而多。蓋飽中飢，飢中飽，飽則傷肺，飢則傷氣。若食飽，不得便臥，即生百病。」元代的營養學家忽思慧有一本養生書籍《飲膳正要》，亦有類似的說法：「夫上古之人，其知道者，法於陰陽，和於術數，食飲有節，起居有常，不妄作勞，故能而壽。今時之人不然也，起居無常，飲食不知忌避，亦不慎節，多嗜慾，濃滋味，不能守中，不知持滿，故半百衰者多矣。夫安樂之道，在乎保養，保養之道，莫若守中，守中則無過與不及之病。」我們看到，中國傳統的飲食之道，反對隨性放縱，而是主張搭配得體、飲膳有方。這是中國古人對食物與調和生命的「中和之道」。

可以想像，精進料理的簡單、健康、素樸、雅緻成為年輕人追捧的對象，也成為時尚的符碼。雖然素食料理根基於佛教的飲食文化，但其惜材愛物的「供養」精神，亦能讓現代人找到共鳴。精進料理除了重視烹飪者在耗時費心之際所獲得的體悟，也重視飲食者的體悟。烹飪者慢慢地製作，享用者慢慢地品嚐。這是感受美食的基本方式。精進料理提倡從飲食靜思生活。城市人平時生活節奏太快，速食文化更是讓人填飽肚子但不知吃了甚麼。精進料理讓我們收拾當下的心情，認認真真地品嚐食物的原味。

體驗食物的真味道——此養身養心的理念，始創於

曾在大宋朝留學的日本禪師道元（1200-1253）。他曾在日本臨濟宗開山祖師——榮西禪師的門下學禪。道元於鎌倉時代初期創立曹洞宗，主張「日常生活的一切皆為修行」，並進一步闡明「烹調飲食與享用飲食皆為修行的一環」。所以，精進料理不只是關注食物本身，而是關注飲食者自身的精神意識，以達到自身療癒的目的。飲食者從食物作為切入點、挖掘和認識內心的那份純粹，也就是道元禪師所說的人的「本來面目」。

和佛教相關的另一種日式美食是「懷石料理」（kaiseki ryōri）。「懷石」一詞是由禪僧的「溫石」而來，原指的是佛教僧人在坐禪時在腹上放上溫石以對抗飢餓的感覺。懷石料理後流行於日本茶道，是主人請客人品嚐的飯菜。最早的懷石料理多半是素食，以量少、精緻、考究為特色，料理的精神在於呈現食物的原味，追求「不以香氣誘人，更以神思為境」。懷石料理採用精緻講究的陶器、瓷器、漆器盛裝，顯現出整體的質感。同普通的精進料理相比，懷石料理更是講求食具精良，以及坐席、軸畫、花瓶等所營造的獨有的空間美，給人一種儀式感。但料理仍然保有惜物、悟道的精神。演變至今，一汁三菜的懷石料理已成為高級日本料理形式。歐美的布波族來日，少不了體驗一番這種「懷抱石吃飯」的感覺。

在小說《挪威的森林》中，村上春樹對懷石料理獨有情鍾，並把這份情感寫進了他的作品之中：「渡邊第一次去綠子的家，綠子給他做了一大堆好吃的，黃嫩嫩的荷包

蛋、西京風味鮫魚、燉茄塊、蓴菜湯、玉蕈飯，還有切工很是考究的黃蘿蔔乾鹹菜，並沾了厚厚一層的芝麻。」綠子說：「都是從一本最好的食譜上學的。看了書，我就攢錢去吃正宗的『懷石料理』，於是就近乎了這個味道，以後自己就會做了。」綠子對人生巔峰的描述是「用真漆碗吃懷石料理」，可見懷石料理在日本人眼中亦是精細與寶貴的食物。

生活，就在每一口當中。從「環保蔬食」到「精進料理」和「懷石料理」，我們看到了食養生活的哲學。前者是個人自由的彰顯，而後者更注重自我世界的內省。兩者有一個共同點，這就是對食物的尊重，還有對自然的尊重。

chapter

10

醬汁背後

的

哲學

......

法式五大「母醬」

　　法國菜的精粹在於調味醬汁（sauce），形形色色醬汁是法式料理的靈魂。我們知道，中華美食在很大程度上也是依賴於各種調料和醬汁，但法式料理的依賴程度遠遠大過中餐。學習法式烹飪，首先是學習如何用雞牛魚的高湯來製作醬汁，也有用烹煮食材時收集到的汁液來製作醬汁。在法式烹調中，醬汁製作的過程稱為「烹調的根基」。在法國，能有資格配製調味醬汁，一定是頂級的廚師。難怪有人說：醬汁是法式菜的榮耀和光芒。

　　法式調味醬汁，基本有五款，被稱為五大「母醬」（Mother Sauce），分別為白汁（Sauce Béchamel）、棕汁（Espagnole Sauce）、荷蘭汁（Hollandaise Sauce）、紅汁（Tomato Sauce）和絲絨濃汁（Veloute Sauce）。據《法國美食大全》記載，荷蘭汁是後加上去的。在這五大母醬的基礎上，廚師可以以高湯為基礎，變化和創新，演變出不同風味的、五彩斑斕的美味醬汁。譬如，五大母醬之一的白醬，是最常見的調味醬汁，據說是太陽王路易十四的宮廷御廚用奶油麵粉糊所調配出來的經典醬料。棕汁是以牛高湯、牛骨製成的棕啡色醬汁。荷蘭汁是用澄清牛油和蛋黃製成。所謂的紅汁，顧名思義，就是番茄汁。絲絨濃汁是以魚高湯或雞高湯製成的白色醬汁。醬汁製作過程中，常常會用麵粉和牛油製成的麵糊狀的增稠劑（roux），這樣就更有質感和色澤感，還可以安全地「趴在」食材上。

香港流行的「蘑菇忌廉汁」，就是絲絨濃汁的一種，以忌廉、雞湯和麵粉為基礎，加入炒香的蘑菇，美味香滑，讓人難以拒絕。

法國醬汁可以追溯到古羅馬，正如法國文化可以追溯到古羅馬。早期古羅馬及及拜占廷帝國烹調最常使用的醬汁叫 garum 魚醬。「garum」一詞來自古希臘語「garos」，這是一種以海魚的內臟為基礎的發酵而成的調料味，相傳古代的腓尼基人就已經懂得製作魚醬，並傳播至古希臘以及地中海地區。據說古羅馬帝國征戰，士兵們也會隨身攜帶 garum 魚醬，吃一口下去，頓時精神抖擻。張口吼一聲，熏倒一排人。其實，不止是醬汁，大多法國美食都可以追溯到羅馬帝國時期，譬如，法式餐中有名的蝸牛是羅馬人常吃的食物。當然，像鵝肝醬蝸牛是法國人後來的創新。

古羅馬美食古籍《阿皮基烏斯》（*Apicius*）曾提到味道較重的魚醬，可同韭蔥、洋蔥、酒、蜂蜜、橄欖油等食材混合運用。阿皮基烏斯據說與古羅馬美食家阿皮基烏斯（Marcus Gavius Apicius）有關，他寫過一部名為《論烹飪》的食譜，是至今最古老的美食食譜，被稱作古代的 art of cooking。然而古代的 garum 魚醬現已失傳，但我們可以想像這種魚醬的風味類似於中國各式的、味道濃厚的海鮮醬，如蝦醬和魚露。今天市場上可以買到的各式 Garum de Mujol 都是後來的改良品，但依然奇臭無比，被稱為天王級暗黑調料。但就是有人要這口味道，或許是由於割捨

不去的羅馬情懷。

　　與 garum 魚醬不同，法國還有一種用醋和葡萄釀造而成的高酸「青葡萄酒汁」（verjus），其中由於醋的不同（如米醋、麥芽醋、雪莉醋、葡萄醋），醬汁的味道有所不同。法語 verjus 原意是「綠色果汁」。自中世紀起，法國葡萄農會將釀酒用的未成熟酸葡萄壓榨成汁，製作青葡萄酒汁，作為食品增加酸味的調料。但經過幾個世紀，青葡萄酒汁不再流行，被醋和檸檬汁所替代。另外，由於氣候原因，勃艮第會有一部分葡萄直至冬天都無法完全成熟，並不能用於釀酒，便製作成葡萄第戎芥末醬（Dijon Mustard）。第戎（Dijon）是位於法國勃艮地的一個地區，自古以來即以生產風味獨特的芥末醬聞名。酸葡萄酒汁代替傳統配方中的醋，是第戎芥末醬中的點睛之筆。現在第戎芥末醬是最常食用調味品之一。在餐廳裏，你會看見它用於巴薩米克醋和調味汁。第戎芥末醬的顏色比美式芥末顏色要淡些，口感更濃郁，還帶有一點香料味。以第戎芥末為原料的法國風味菜餚被稱為「à la dijonnaise」。

　　還有一種常使用的醬汁叫「雷莫拉德蛋黃醬」（remoulade sauce），也稱為「風味蛋黃醬」或「法國沙司」。做法是在蛋黃醬裏面加入芥末、水瓜柳、酸黃瓜碎、香草和 c 銀魚柳後製成。一般都在冷藏後用來配冷的肉、魚和海鮮，亦是雞尾酒油炸海鮮食品的最佳配料，也可以和塔塔汁（Tartar Sauce）搭配。美式蛋黃醬「mayonnaise」是由蛋黃和油製作而成的厚稠、奶油狀乳

化劑，中間加了檸檬汁或者醋。千島醬（thousand Island dressing）是一種沙拉醬式調味料，是由莫拉德蛋黃醬演變而來。裏面可放入番茄沙司、剁碎的酸黃瓜、煮熟的雞蛋碎，有的還會放點橄欖碎、洋蔥碎和青椒碎。現在流行神戶芝士漢堡配雷莫拉德蛋黃醬，是新加坡廚師 Wolfgang Puck 所製作的漢堡。可見蛋黃醬不僅有不同的製作方法，其搭配的形式也可以有所改變。

作為「餐盤的主角」的醬汁

醬汁在法式佳餚中已成為法式料理的代名詞。它們從屬的角色不僅僅是提升食材風味的配角，而是成為「餐盤的主角」。用後結構主義哲學的術語來說，醬汁成為「解構」（Deconstruction）的符碼。解構，意指分為「分解」與「構成結構」，是對於結構的破壞與重組。餐盤的食物不再有所謂的主角食材（如牛肉）和配角佐料（醬汁）的這樣的「餐盤本質主義」或「餐盤中心主義」的結構。基於不同的食材，餐盤結構也不是固定不變的。餐盤中食物的結構由一系列的差別組成。由於食物與醬汁的變化，結構也跟隨着變化，讓美味變換無窮。醬汁打破既定的食物配置框架，即佐醬與食材的搭配，因而打破了餐盤食物中「主」與「次」的二元結構。在這一意義上，「醬汁決定論」成為一場「餐盤的料理革命」。由此可見，法式的醬汁料

理，突破食物界線的解構主義風格，將大眾對於食物的既定形象重新拼湊，往往更令食客期待。

法國哲學家加斯東・巴舍拉（Gaston Bachelard，1884-1962）是著名的將詩學與科學哲學融為一體的人。他以地、水、火、風四大元素論述詩與想像的關係，寫下《火的精神分析》（*The Psychoanalysis of Fire*）、《水與夢：論物質的想像》（*Water and Dreams: An Essay on the Imagination of Matter*）、《氣與夢：論流動的想像》（*Air and Dreams: An Essay on the Imagination of Movements*）。巴舍拉認為，水在四大元素中佔有非同一般的地位。「水一經熱烈的頌揚，就成為乳汁…… 就物質想像而言，水如乳汁，是完整的食物。」（巴舍拉：《水與夢》）法國人為甚麼如此鍾愛醬汁，因為它們既是搭配料理的液體，也是乳汁般的神物。法國美食家布里亞-薩瓦蘭從「味覺生理學」的角度解釋醬汁在我們的舌頭上所產生的特殊化學反應。人生首先嚐到的東西就是母乳，既有麩胺酸的含量，也有甜鹹的味道。所以說，喜歡醬汁，這是人類的天性。

說到醬汁，就要提到作為調料味的香料。中世紀歐洲對香料的迷戀在史書上有不少的記載。使用香料成為身份的象徵，也給中世紀壓抑的氣氛帶來幾分思想上的放鬆和精神上的狂想。在當時，像桂皮、丁香、胡椒、孜然、肉豆蔻和生薑這類香料不僅是奢侈食物的一部分，同時，香料也成為昂貴的藥材，人們認為它們可以治病（譬如桂皮

可以治療胃寒）以及控制瘟疫（譬如鼠疫）。香料還被看作是春藥，有壯陽催情的功效。我們今天的香水工業，有時也會打出類似的帶有誘惑的廣告。有些香水品牌的確加入了諸如生薑、豆蔻皮、丁香、胡椒這類的香料。（杰克·特納：《香料傳奇：一部由誘惑衍生的歷史》）香料的觀念也反映了歐洲人對宗教、社會、人性乃至世界的看法。法國 1395 的古籍《巴黎良人》（ _Le Menagier de Paris_ ）是一本生活在中世紀的紳士教導年輕的妻子如何成為賢妻良母的書，其中部分內容涉及烹飪技法與食譜，例如香料的使用方法。另外，中世紀的酒大多苦澀，口感欠佳，加入香料後可以掩蓋酒的澀味。

在物質領域，歷史上的香料大多是「進口」食品，價格高昂，只限於貴族享用。普通百姓根本無緣享用帶有香料的精緻菜餚。這種以食物區分貴賤的傳統，在當時的歐洲是普遍的社會現象。在精神領域，香料與基督教信仰中的「伊甸園」密切相關。在信徒眼裏，香料是天國的氣息、亦是神聖的符號，當然也是饕餮之徒夢想的「天國美食」。但與此同時，由阿拉伯人傳來的香料又帶有很強的情慾色彩，有時會成為慾望、貪婪、浮華、傲慢、愚蠢的象徵。中世紀以後，隨着香料消費向更廣的社會階層擴散，新興的資產階級成為消費大戶，也引發教俗兩界人士在香料問題上相互廝殺。所以，味覺和食物不只是與吃相關，它們會成為意識形態的鬥爭。過去是如此，現在也同樣。

從「香料共和國」到「五味和羹」

英國文化學者約翰‧歐康奈（John O'Connell）寫過一本非常幽默有趣的書，名為《香料共和國：從洋茴香到鬱金，打開 A-Z 的味覺秘語》（*The Book of Spice: From Anise to Zedoary*）。這是一部從中世紀至今香料史和烹飪史的百科全書。作者帶領讀者從歷史、藝術、宗教、醫學、文化、科學等各種角度來認識香料的特性、藥效以及神奇的魔力。這本書的魅力不只是向讀者解釋大量和香料歷史相關的食譜以及當時人們的飲食習慣，而且是揭示香料的發展如何改變世界、成就歐洲的現代化進程。在歐康奈的筆下，香料是給食物「鍍金」的。而這個「鍍金」的說法，來自阿拉伯中世紀的傳說故事，認為食金箔可以長壽，類似中國道教中的食丹藥。難怪，西方人將中世紀的廚師稱作「煉金術士」，只是他們所追求的是色彩，而不是黃金。

有香料點綴，便可以製作更豐富的醬汁「高湯」。在歐洲中世紀，煮一隻雞可以用白醬，也可以用黃醬，獲得的口味有所不同。當時坊間還有一種駝色的醬汁，採用的是叫亞麻薺（cameline）的一種油料植物。13 世紀法國的烹飪書《塔伊旺的肉類食譜》（*Le Viandier de Taillevent*）有對製作亞麻薺醬汁的具體描述，其中也提到使用其他的香料，如肉桂、薑、丁香、天堂子、豆蔻皮、長胡椒等。阿拉伯人對香料極為講究，不同的食材需要用各自相應的

香料調味。記得我在卡薩布蘭卡逛集市時，就被五顏六色的阿拉伯香料吸引了。有一種稱之為北非綜合香料，看上去類似印度的香料。

由於阿拉伯飲食對歐洲貴族的影響，大量的醬汁製作也引進了阿拉伯人帶來的食品及香料，如椰棗、無花果、葡萄乾、杏仁以及甘草、鬱金和綠豆蔻。香料醬汁不僅直接賦予人們感官上的愉悅，也就未知的神秘世界為人們提供了無限的遐想。

從西方的醬汁，我想到了中國傳統中的五味和羹。「五味」包括辛、酸、鹹、苦、甘；「羹」是指帶肉濃湯。「和羹」就是五味調和的羹湯。按照《說文解字》，「五味和羹」意指由羊肉及五味調成的帶湯汁的菜餚，加水勾芡後成為羹。故古代常有「大羹肉汁，不致五味」或「和羹備五和」這樣的說法。中國古代烹飪主張五味之調，芬香之和，類似今天製作的「高湯」。調味主要是兩個目的：激發食物的美味和清除食物的異味。早期的「羹」解釋為「五味盉（後通作「和」）羹」。這意味着人們懂得使用五味調料後，首先把它使用在製作羹湯之中，做成調羹。自《尚書 · 顧命》以來，中國人把做宰相比為「和羹調鼎」。《左傳》有一段對「五味之和」的描述：公曰：「和與同異乎？」晏子對曰：「異！和如羹焉，水、火、醯、醢、鹽、梅，以烹魚肉，燀之以薪，宰夫和之，齊之以味，濟其不及，以泄其過。君子食之，以平其心。」作為戰國時代著名的宰相，晏子對「和」與「同」的分別是這樣解釋的：

「和」好似做魚羹，需要將火、水、醯、醢、鹽和梅子等各種因素考慮進去。同時，透過用火加熱以及靠廚師的調和，讓各種味道得到均和，增強那些味道不足的，減弱那些味過重的。

其實，「五味之和」是中國古典「和」文化的一個關鍵部分。和諧，是當時思想家追求的理想。無論儒家還是道家都有與「和」相關的哲學思考。先秦思想中「和」可以分為兩大類：一類是「五聲之和」（即「音樂之和」）；另一類是「五味之和」（即「羹湯之和」）。所謂的「五聲」調式，亦稱五聲音階，是中國音樂中的音階，這五個音依次定名為宮、商、角、徵、羽，大致相當於西洋音樂簡譜上的唱名。所謂的「五味」就是上面所說的包括辛、酸、鹹、苦、甘五種味道。如何調劑五味，是烹飪的藝術。所以中國傳統美食，講究葷素調配、五味俱全；主料配料，相互滲透。

如何調劑五味，是烹飪的藝術。所以中國傳統美食，講究葷素調配、五味俱全；主料配料，相互滲透。

早期經典中有不少「五聲之和」的例子，譬如，《禮記‧樂記》以「天地之和」來定義「樂」的本質。《左傳》有曰：「耳不聽五聲之和為聾。」《尚書》說：「聲依永，律和聲，八音克諧，無相奪倫，神人以和。」這裏的「和」可以做動詞，有「應和」的意思。因此，「和」有協調、合作之意。孔子說「和而不同」，就如不同樂器合奏，雖然各有各的聲音，但最終需要達到和諧之音。因此，儒家十分看重禮樂文化在陶冶心性上的作用。《中庸》有言：「喜怒哀樂之未發，謂之中；發而皆中節，謂之和。中也者，天下之大本也；和也者，天下之達道也。致中和，天地位焉，萬物育焉。」「中」的意思是「尚和去同，執兩用中」，即中正和平，不偏不倚。

　　「五味之和」也有協調、合作之意。如《尚書‧說命下》曰：「若作和羹，爾惟鹽梅。」比喻良相賢臣輔佐國君處理朝政。《呂氏春秋‧本味篇》記伊尹以至味說湯那一段，把最偉大的統治哲學講成惹人垂涎的食譜。這個觀念滲透了中國古代的政治意識。（錢鍾書：《吃飯》）但與「五聲之和」不同的是，五味更強調各種味道的不同功能，五聲則更強調不同中的主弦樂。所以「五味之和」更符合道家哲學的和諧思想。《老子》說「萬物負陰而抱陽，沖氣以為和」，意指萬物的陰陽互補之和。「五味之和」的主要原則的「五味不出頭」，講究五味保持平衡，要適口，味道不宜過重。道家認為，「過」則失之，故《老子》曰「五味令人口爽」，其意是味道過重反而失掉口感。

伊尹是中國第一個哲學家廚師，在他眼裏，整個人世間好比是做菜的廚房。道教和中醫更是把五味和人體五臟結合在一起，提出「夫五味入胃，各歸所喜，攻酸先入肝，苦先入心，甘先入脾，辛先入肺，鹹先入腎，久而增氣，物化之常也。」(《黃帝內經》)由此發展成一整套的養生思想，追求「和」的效果與境界。

今天我們常吃的中式醬汁主要是醬油、糖、鹽、醋、香油，再加以蔥薑蒜及辣椒等辛香料，偶輔以紅蔥頭、酒及中藥材等材料，像黃醬、麻醬、桂花醬、XO醬等。與西方醬汁調味有點不同的是，中國傳統的調料配置不是一味地追求濃烈（辣醬除外），有時往往用減法，強調「清淡」。另外，自宋代以降，更注重調味與火候的關係，尤其是考慮「高湯」的油、水、氣的性能。特別是宋代，更是推崇「清淡」的美學，從文學、繪畫到廚藝都是追求超越華麗之美的道家美學觀。無論是穀類食物還是蔬菜的調配，都盡量保持食物的原汁原味，不讓醬汁的味道破壞食物原本的營養和滋味。同時，醬汁不能喧賓奪主，而是要起到畫龍點睛的作用。中式醬汁與法式醬汁的調味地位不同，主要是由於中國烹飪的原料更為豐富，除了蔬菜類，還有山八珍、海八珍和禽八珍，加之不同的主料、配料、輔料、調料之間的搭配方法，形成中國佳餚的和合之美。

美食需要醬汁和香料，人生不亦是如此？的確，生命不能沒有醬汁和香料！有了汁和料，生命會更有厚度和色彩。

「慢活」中
的
慢食風尚

． ． ． ． ． ．

「慢食運動」

「快」是現代性節奏的特徵。我們在周邊生活中，隨處可見與「快」字有關的字眼，如快餐、快車、快遞、快班、快報、快件、快車道、快時尚，甚至快知識（甚麼七分鐘一部電影，八分鐘一本書）。在「信息大爆炸」的時代，快速就是一切。「快」──無處不在的都市符碼。在電子時代的快節奏中，人變得更為單一化，彷彿不斷失去某種生理機能和獨有的精神個性。正是這種「快」，讓很多現代人看到疲倦和厭煩，他們希望換一種方式生活。由此「慢活」，亦稱「減速生活」（down shifting）的這個詞漸漸進入人們的視野。「慢活」提倡注重細節和品質、注重當下的體驗、不要讓生命流逝得過於匆忙。

其實，「慢活」是受到另一個概念的啟發，這就是「慢食」。1986 年，意大利人卡羅・佩屈尼（Carlo Petrini）開始推動「慢食運動」，提倡慢活以慢食為起點。慢食運動逐漸擴大，並引發歐洲社會的「慢城運動」（Citta Slow）。近幾十年，歐洲一直提倡悠慢生活，其中也包括慢食風尚。慢食協會也很快成為一個國際性的組織，並出現遍及各地的分會組織。組織成員協助各地小農捍衛當地的原生物種，並積極建構世界食物社群網絡，舉辦大型國際食品活動，如美食方舟（Ark of Taste）、大地母親（Terra Madre）、品味沙龍（Taste Saloon）、傳統食材守護（Presidia）、布拉市起司節（Bra Cheese Festival）等。

這些活動力爭縮短食物與消費者的距離，鼓勵人們追求有品質的食物，了解產生某一食物的那塊土地上的人、事、物及其相關的歷史，並在與食物的互動中學會珍惜慢食人生的體驗。2003 年，意大利的普拉鎮成立了一家慢食大學（UNISG），由國際慢食協會支持。這是全世界第一家將美食文化與科學結合並列入學科的大學，其主旨為創造全世界在食品上面的慢食藝術。

加拿大知名記者卡爾·歐諾黑（Carl Honoré）在其《慢速贊》（*In Praise of Slowness*: *Challenging the Cult of Speed*）一書中指出，自西方工業革命以降，速度成為衡量生活的標誌。數字時代的當代人更是形成對速度的頂禮膜拜，每天把自己的生活搞得很緊張，常常會有透不過氣的感覺（用英文來說，就是 living on the edge of exhaustion）。生活的一切都是根據「時間」的邏輯來運行，而趕不上步伐的人恐怕已經輸在起跑線上了。由此，人們患上「時間病」，常常「速度成癮」（speedaholic），其症狀就是整天惶惶不可終日。與此相反，「慢活主義」主張「該快則快，該慢則慢」的平衡生活模式。生活品質，是慢生活關注的重點。

歐諾黑指出，我們強調慢生活，並不是要將每一件事都「龜速化」，而是在這個不斷加速的時代中找到放慢腳步的理由，調整適合自己的生活步調，避免沉淪在快速文化的洪流中不能自拔。《慢速贊》寫於 2005 年，距離今天已經 16 年了。回頭看看，我們是否放慢了生活的速度

呢？的確，「慢活」顛覆了速度、人群、商品、消費和城市，以及它們所代表的價值；「慢活」顛覆了浮躁、慌亂、庸碌、匆忙；「慢活」顛覆了目光短淺、急功近利、人情淡薄。因此，我們需要在「慢」中重新找回內心寧靜、找回我們自己。法國哲學教授斐德利克·葛霍（Frederic Gros）在《走路也是哲學》（*Marcher une Philosophie*）中有這樣一段話：「慢慢走的日子更加悠長：它讓人活得更長久，因為每一分鐘、每一秒鐘都得到了呼吸、深化的機會，而不是被塞到接縫被撐開。匆忙就是同時火速進行好幾件事。這件事做着又做那件，然後另一件事又來報到。人在匆忙的時候，時間擁擠到爆裂，彷彿一個被各種物品塞得雜亂無章的抽屜。」

「快」是一種節奏，一種慌亂；「慢」卻是一種態度，一種浪漫。從「速食」（fast food）到「慢食」（slow food），這不只是有關「食」的轉向，更是有關「活」的轉向。所謂「慢食（slow food）」，不單單意指放慢動作的 slow eating，一頓飯吃上個三、四個小時（像西班牙人的晚餐那樣），也意指與「慢活」相似的一種生活態度。再有，「慢食」也針對食品本身，它指向與大機器時代加工的「速食」不一樣的綠色食品。由此，「慢食」代表了在吃的問題上的返本歸真、對過度加工食品的厭棄、對幾乎消失的廚房記憶的復甦。慢食已經不只代表對飲食本身的尊重，更引伸出對我們生活環境的責任感。回到餐桌前，緩慢下來，對食物、對自己、對家人朋友，都有了新

的認識和感受。「慢食」，亦可以是植基於日常的小確幸。

慢食新世界

　　飲食，是一種生活的方式。在佩屈尼的代表作《慢食新世界》（*Slow Food Nation*）中，他告訴我們，慢食不只是慢慢吃而已，也不僅是反對速食文化。慢食是一種生活態度，是一種精神追求。佩屈尼以新美食家的身份，捍衛世界人類享受美好、乾淨、公平食物的幸福權利。佩屈尼建議我們要與食物建立一個親密的關係，這意味着我們了解我們所消費的食物：來源、品質、歷史。在此基礎上，我們學會尊重每一種食物，尊重每一位製作食物的人，尊重地球上每一種生物。佩屈尼希望我們每個人不只是食客，而是「餐桌前的農夫」，是食物的「共同生產者」。而所謂的「慢食」，就是有時間去思考和咀嚼這些問題，並把意義賦予我們日常的生活中。

　　同時，佩屈尼提出「生態美食家」的說法。所謂「生態美食家」是指在選擇食物上要考慮三大原則：優質（good）、乾淨（clean）、公平（fair）。「優質」要求食物沒有經過外在改造的天然風味，人們可以捕捉食物背後的歷史足跡和個人記憶；「乾淨」要求對生態環境的保護，從土地到生產的方式，以保證食品的安全性以及物種的多樣性；「公平」要求生產者與消費者之間在買賣交易價格

上的合理性，以達到雙方共贏的結果。在佩屈尼看來，每位食物的生產者和消費者，都應該成為「生態美食家」的倡導者。當然，也有人提出批評，認為「生態美食家」的說法過於精英，一般的消費者也難以承擔過高的綠色食品的價格。對此質疑的聲音，佩屈尼的回答是：「吃好一點，品質比量更重要。」他認為，由於垃圾食品價格低廉，人們反而容易吃過量而造成不健康的體質，如肥胖、三高等。

美國加州柏克萊有一家頗有名氣的餐館，名叫「帕妮絲之家」（Chez Panisse），主打當季的有機食材和法式料理。主人是享有「美國慢食教母」和「美食繆斯」稱號的美國美食家、企業家和社會活動家愛麗絲·沃特斯（Alice Waters）。沃特斯在大學主修法國文學，對歐洲文化，尤其是法國文化獨有情鍾。畢業後，她遊歷歐洲，最後落腳於法國。在法國的日子，沃特斯迷上了法式的美食──一種與美式加工的食品（如罐頭及冷凍食品）完全不同的飲食經驗。法國的美食也喚起她自大學時就愛上的烹飪興趣。在歐洲生活的那段時間，沃特斯也受到歐洲慢食風尚的影響，她決定把這個風尚帶回美國，讓美國人重新回歸自然悠閒的飲食文化。

於是，一場現代飲食革命在美國興起。沃特斯號召美國人「綠色飲食」，盡量遠離來自罐頭的食品和冷凍食品，其中包括肉類、豆類、蔬菜、沙拉、水果及甜點。沃特斯指出，這些垃圾食品（junk food）不僅有害健康，而

且嚴重污染環境。沃特斯向工業化、全球化農業單一性的生產方式挑戰，主張回歸有機的生產方式，以及食物的多樣性和自然性。

2019 年《紐約時報》刊登一篇文章，是有關沃特斯要在佛吉尼亞州著名的湯瑪斯・傑佛遜故居蒙地切羅山莊（Monticello）引進綠色菜園以及改變現有咖啡廳的飲食來源。這不是沃特斯第一次做這樣的嘗試。近半個世紀以來，擔任國際慢食協會國際副總裁的沃特斯，一直利用自己的名氣向社會推廣健康飲食，推廣慢食的理念。1996 年，沃特斯在加州伯克利分校的馬丁路德金中學，發起食用校園專案（Edible Schoolyard Project），即在校園裏建立起一個一英畝大小的菜園，還有一個烹飪課堂。這個計劃為學生提供親身實踐體驗的機會，其中包括種植、收割和烹飪。沃特斯希望透過這一專案，為孩子們提供更多的機會，去了解餐桌上的食物從何而來，是用何種方式栽種、生產；並透過飲食，讓孩子們認識在地的生物品種和當地的飲食傳統。2009 年，在沃特斯的呼籲下，有機菜園還進了美國白宮。總統一家人也被拉進慢食運動的隊伍中，並在白宮後院花園裏開闢自耕小菜圃。

作為飲食界的大咖（「a big name in a foodie land」），用食物改變世界，這是沃特斯的信念。沃特斯的《綠色廚房裏的小技巧》（In the Green Kitchen: Techniques to Learn by Heart）是她在 2010 年出版的作品，一經問世，立刻暢銷歐美。這並非一般的食譜書，只

向讀者介紹各種美食的做法。作者將全書的重點，放在一些最平常但卻容易被人忽視的烹飪技巧上，像如何煮麵條、做米飯、洗生菜、切麵包。每個細節都充分體現了食物創造者與食物之間的親密關係。沃特斯表面上是傳授烹飪的小技巧，但實際上她是教授我們如何樂於發現一種緩慢製作美食的姿態。

近年來，有機小菜園也流行於香港，配合綠色生活和慢食運動的推廣。像「長春社」從成立以來，便成為香港自然保育的一個重要機構，於幾年前開發了水田動物派對的項目，還專門為小朋友介紹環保的社會意義。香港的休閒農場指南向市民介紹香港本地的綠色農場，鼓勵大家時不時地讓自己遠離都市的煩囂，在休閒農場裏盡情享受大自然的懷抱，並在其中發現慢生活的樂趣。

▌「請慢用」

回到東方飲食文化，慢食對我們來講，從來不是陌生的概念。「請慢用」（粵語是「慢慢食」），這是中國人在飯桌上對客人掛在嘴邊上的話。這個「慢用」很有意思，含有享用之意，只有美好的東西才值得花時間，慢慢咀嚼、慢慢享用。在中國的餐桌文化中，吃的不僅僅是食物，而是一份情感：親情、友誼、鄉愁⋯⋯我們會把不同的情感，移情於食物中以及飲食的過程中。這一點

很像最近在西方流行的一個詞，fooding（情食），即food &feeling（食物加感情）的縮合，或emotional eating（情感飲食）。事實上，比起吃的內容，慢食更希望人們重新探索、享受食物帶來的驚喜和興奮，這也是人們常把慢食分會稱為「宴會」（convivium）的原因。「convivium」一詞來自拉丁文，原指一群人在一起享用和倡導美食。慢食者相信，飲食是人類最原初的身體與情感需求。對食物對味道的熱情，就是對生命的熱情。中國的飲茶文化更是如此，重視以小壺、小杯，慢慢沖泡、慢慢沉澱、慢慢品飲的樂趣。在瀰漫的茶香中，追憶人間百味。可謂「世間絕品人難識，閒對茶經憶古人」。（宋·林逋：《茶》）因此，「細細品茶」一定是要慢慢來。就像人們常說的那樣：細細啜飲叫做「品」；大口灌茶稱作「喝」。

東方的禪宗文化則是把「慢食」看成個體修行的過程，這一點在日本的精進料理中得到具體的呈現。在《禪食慢味：宗哲和尚的精進料理》一書中，日本佛教學者藤井宗哲指出，禪宗飲食注重個體的切身經驗與深刻體悟，同時主張在飲食料理中，展現敬天惜物精神。禪宗重實際的經驗，尤其是當下的經驗，「慢食」，可以看成是禪修的方法。修行者在咀嚼食物的過程中體驗食物的味道以及觀察自己的味覺。萬般思慮，在對食物的靜觀中，轉化為心的空靈。當年弟子問道元禪師如何修行，道元回答：「Just sit」。現在，他或許還可以說「Just eat」。我們暫且稱它為「慢食三昧」（Slow-eat Samādhi）。

受到「慢食運動」的啟發，臺灣飲食文化達人徐仲在寶島推廣慢食風尚。他將慢食文化與觀光旅遊結合起來，把臺灣各地的美食與飲食文化推廣給旅遊者。自2008年開始，徐仲將歐洲美食科技大學（University of Gastronomic Science）的學生請到臺灣實習，既向西方人宣傳臺灣的飲食文化，又讓臺灣人了解慢食風尚。徐仲帶着西方遊客到雲林參觀傳統純釀的醬油工廠，討論臺灣農業的發展與變革；到貓空參觀有機茶園，與茶農一起採茶、了解製茶過程，再到泡茶品茗；到臺南關廟直接到鳳梨田中，品嚐剛採摘下來的鳳梨；也將臺灣的食材與他們熟悉的食材作類比，讓外國人可以輕鬆記住臺灣食材，如原住民的小米酒與葡萄酒，臺灣蜜餞與意大利北部的芥末蜜餞等（Davis：〈從產地到餐桌，慢食與觀光〉）。這種強調在地飲食傳統的活動，在文化趨於同一的全球化時代尤為珍貴。

　　2018年，臺灣另一位美食作家謝忠道出版了《慢食之後：現代飲食的31個省思》，這是他十幾年前出版的《慢食：味覺藝術的巴黎筆記》一書的續集。謝忠道常年生活在巴黎，自稱「這輩子在吃喝間白白活着」。他寫了不少與食風相關的書，如《巧克力千年傳奇》、《餐桌上最後的誘惑》以及《比流浪有味》。謝忠道透過他的眼光，審視法國的飲食文化，向讀者說明如何在吃甚麼以及吃的方式上來詮釋一種文化獨有的特質。就「慢食」而言，這個詞更接近於法文的 prendre ton temps（花點時間），意

思很像中國傳統文化中「慢用」的含義。其後涵蓋對擺在餐桌上那盤食品的態度和思緒。每一道佳餚背後，我們可以看到一位食材生產者的辛勤勞作，一位廚師在廚房快炒慢燉的功夫，一位食客體驗美食時的心境。著名臺灣飲食旅遊作家葉怡蘭曾為《慢食之後》作序，並在自己的部落格中推薦此書。她說：「《慢食之後》的視野已然逐步跨出法國與臺灣間的國界，朝更遠更高的方向行去。這是一種全新的高度。」

與「慢食」相關的就是「少即是多」（less is more）的人生哲學。提倡簡單，反對過度。在飲食上，主張「少

從「速食」（fast food）到「慢食」（slowfood），這不只是有關「食」的轉向，更是有關「活」的轉向。

而精」的原味健康食品，即「在地」、「當季」和「有機」，反對各種過度包裝的垃圾食品。「生態美食家」眼中的美食永遠是：「新鮮」、「簡單」、「不花俏」。在「慢食」背後，暗藏着「小農 vs. 大農」、「有機食品 vs. 加工食品」的博弈。

「慢食」的生活哲學亦可以追溯到 19 世紀的美國超驗主義（Transcendentalism），是一場美國的文學和哲學運動。超驗主義哲學對現代主義提出質疑和批判，主張在自然中淨化心靈，提升自我。最著名的代表作就是亨利・梭羅的（Henry Thoreau）《瓦爾登湖》（Walden）。作者描述自己在簡樸的慢生活中，體驗生命的意義：「我步入叢林，因為我希望生活得有意義，我想我活得深刻，並汲取生命中所有的精華。然後從中學習，以免在我生命終結時，卻發現自己從來沒有活過。」受到中國老莊思想的影響，梭羅提倡親近自然，回歸本真。《瓦爾登湖》中的梭羅，好像道家隱士，隻身走入瓦爾登湖邊的森林，在那裏親手蓋了小屋、種植豆子，享受自然的樂趣和思想的自由。梭羅在他的小木屋隱居了兩年之久。他在田園牧歌的自然環境中耕耘、思考、寫作、傾聽自己內心的聲音。他厭惡都市，因為他厭惡都市的快節奏。在飲食上，梭羅是為素食主義者，提倡自然、簡單的飲食習慣。然而，梭羅也有自相矛盾的一面，譬如他一方面提出食素，一方面又親自打獵，吃土撥鼠和烤野鴿。所以，食素更多是一種理念的表達。

返璞歸「真」

近幾年，一位名為李子柒的中國內地網紅博主在Youtube上頗為火爆。身着質樸但不乏時尚服飾的李子柒被稱為「古風美食第一人」。在桃花源般的背景下，我們看到一位美麗的鄉村仙女慢慢地向大家展示家鄉各式古老飲食的製作方法。還有，她所使用的古法工序以及古樸炊具，把觀眾帶入了另一個世界。她會播種黃豆、知道如何製作最原始的、香醇的醬油；她不但會做玉米麵、玉米汁等，知道如何用玉米調味，而且是從播種玉米再到管理和收割的能人。她在烹飪時所使用的蒜苗，是蒜瓣上慢慢生長出來的新鮮綠苗。她還會把蒜苗的莖稈編成辮子，掛起來成為自然有機的裝飾品。她用古方釀造桃花酒和櫻桃酒，讓它們成為佳餚中的美味調料……人們有時會不相信自己的眼睛：難道真是仙女下凡了嗎？

顯然，李子柒的美食視頻符合城市人對即將逝去的鄉村浪漫生活的一切想像：很鄉土的吃食，道地的有機綠色食品，而且一定是慢慢製作出來的。每道菜中都傾注複雜而密集的勞動，以及製作者對食材的熱愛。至於她燒的菜到底是否好吃，誰又會在乎呢？只要她所呈現給大家的自然之美能夠撫慰了觀眾的心靈，具有獨特的療癒功能便已足夠。據說在 Youtube 上，李子柒的粉絲已破千萬，全球粉絲已經過億。我的一位好友幾次向我推薦她的視頻。當我對她說，這些視頻不一定是真的。好友答道：Who cares? 她創造了我夢中的田園生活！

　　網絡數字時代，我們很難分辨甚麼是「真」，就像布西亞所說，有的時候，「超真」（超級仿真）（hyperreal）比實際的「真」（real）更「真實」。我在媒體上看到，李子柒的故事上了《紐約時報》（2020年4月）中文網絡版，記者在文章中問了一個關鍵的問題：我們如何思考李子柒的「生活」？我想有一點是肯定的，這就是浮躁的都市生活讓人們嚮往昔日田園的歲月靜好，渴望一種可以隨性的慢生活。在某種意義上，李子柒展現了當代的梭羅《瓦爾登湖》的願景：自己種植、收穫，並製作可口的美食。灑在餐桌布上的，是自己種植和採摘的玫瑰花瓣。這樣的美景，是我們在莫奈的油畫上看到過的。

　　返璞歸「真」。慢活、慢食，是現代人所尋求的「真」。臺灣美學大師蔣勳曾經說過：「讓生活慢下來，人才不會焦慮。」是啊，讓生命慢下來，可以入秋、入冬。

　　喜歡一種閒適、讓心慢下來、細細品味生活的滋味。「慢食主義」，超越了形式，是一種生活哲學與人生態度。毫不誇張地說，我們可以透過飲食，了解一種生活、一種思想、一種文化。

chapter

12

舌尖上
的
鄉愁

......

小時候的味道

　　無論中外，很多美食家喜歡說「小時候的味道」或
「媽媽的廚房」。談食物，不可不談食物的鄉愁。人的美
食經驗常包含了所有的感官感受，除了對食物本身，還有
用餐時的場域、氣氛、人情，以至於食物由來的歷史、典
故等，因此才會留下深刻的記憶。正如法國著名作家馬塞
爾·普魯斯特（Marcel Proust，1871-1922）在他的《追
憶似水年華》（À la recherche du temps perdu）所表述的
那樣：通過嗅覺和味覺與食物發生偶遇，小說的主人公可
以慢慢搭起一座記憶的樓房。是的，我們正是在食物中追
尋逝去的時光，以及時光中的人和事。

　　陳曉卿，因導演紀錄片《舌尖上的中國》，成為內地
家喻戶曉的人物。他也是位我喜歡的美食專欄作家。記得
他那本《至味在人間》一書的第一篇就是寫他小時候母親
做的一罐醬。陳曉卿說：「關於食物的記憶總是綿長的。」
陳曉卿出生於皖北，他說並沒有甚麼太多有關兒時食物的
記憶，除了家鄉一種特殊的醬，當地人叫「捂醬」。醬分
兩種：裝在壇子裏帶汁的，叫「醬豆」；還有一種把醬豆
撈出來曬乾的，叫「鹹豆」。在書中還有一篇名為〈一碗
湯的鄉愁〉，陳曉卿記述他在一家皖北土菜館，品嚐家鄉
的 SA 湯，即「啥湯」（也寫為「潵湯」）。這是奇怪的名
字。根據陳曉卿的解釋，史上曾有位大臣微服私訪到了皖
北，當地人以雞湯招待。大臣問道：「這是甚麼湯？」地

方官員不知湯的名字，就支吾道：「那個啥湯。」於是「啥湯」的名字就傳開了，據說現在成為當地的金牌旅遊小吃。但對陳曉卿來說，「啥湯」就是他兒時的記憶，是一份屬於他的鄉愁。

陳曉卿說：「每個人的腸胃實際上都有一扇門，而鑰匙正是童年時期父母長輩給你的食物編碼。無論你漂泊到哪裏，或許那扇門早已殘破不堪，但門上的密碼鎖仍然緊閉着，等待你童年味覺想像的喚醒。」（《陳曉卿：《至味在人間》）

故鄉的山、故鄉的水、故鄉的食物。在中國傳統文化中，鄉愁和故鄉的食物總是有着天然的聯繫。內地作家、美食家汪曾祺在《故鄉的食物》中藉故鄉江蘇的穿心紅蘿蔔、薺菜、炒米、蝦子豆腐羹、鹹菜慈姑湯，感受的是唇齒間的鄉愁。他的那篇〈故鄉的野菜〉講到家鄉涼拌薺菜的各種吃法，它是當地宴席上不可缺少的八個涼碟之一。這讓我想到周作人也有一篇〈故鄉的野菜〉的散文，其中也描寫了薺菜，看來薺菜是江浙人都喜歡的野味。汪曾祺承繼了中國文人的懷鄉散文——〈五味人間〉、〈日常滋味〉、〈食事與文事〉，看似平凡而瑣碎的事物，但在不經意中，作者把對故土的愛戀投入到對每一道食品的講述中。他說：「不分地域，最喜歡的永遠是母親做的菜，還有童年的那些瑣碎的食物記憶，喜的、哀的、平淡無奇的。」在汪曾祺的筆下，食物的故事都是人的故事，亦是有關鄉情的故事。我尤其喜歡汪先生畫面感極強的語言：

「現在，這裏是日常生活。人來，人往。公共汽車斜駛過來，輕巧地進了站。冰糖葫蘆。郵筒。鮮花店的玻璃上結着水氣，一朵紅花清晰地突現出來，從恍惚的綠影的後面。狐皮大衣，銅鼓。炒栗子的香氣。」（汪曾祺：《故鄉的食物》）這裏，我們看到，「食物記憶」在人—景—物中的自由呈現。

汪先生告訴我們：我們的味覺就是我們的鄉愁。

現代著名散文大師梁實秋說他的《雅舍談吃》實屬「偶因懷鄉，談美味以寄興」。這本散文集向讀者展示了作者熟悉的各式美食，從燒餅油條到醃豬肉、火腿、蘿蔔湯，大多是書寫他年少時在北京生活的記憶。《雅舍談吃》寫於上世紀 70 至 80 年代。那時梁實秋已人在臺北，但濃厚的思鄉之情卻不經意地滑落在記憶中的美食上，將以「食」寫鄉愁的方法推向極致。書中提及代表北京的各式小吃、食材、當時一起享用美食的親朋故友、有關食物的做法等等。文字幽默詼諧、妙趣橫生，保持了梁先生作品的一貫風格。從寫作題材來說，這是一本將優雅散文與美食食譜融為一體的傑作，形成中國傳統文人崇尚的一種文體（genre），即散文式的飲食書寫。

梁實秋曾經寫道：「大概人都愛他的故鄉，離鄉背井一向被認為是一件苦事，其實一個人遠離家鄉，無論是由於甚麼緣由，日久必有一股鄉愁。」（梁實秋：《故都鄉情》）《雅舍談吃》有一篇名為〈火腿〉，梁實秋對各時各地的火腿一一作比較，描述火腿的味道如何隨着作者的心

境和社會環境而改變。譬如，作者寫道，當他生活在上海時，火腿在他的眼裏是「瘦肉鮮明似火，肥肉依稀透明」，令人「思之猶有餘香」；而當他身處南京時，火腿是「味之鮮美無與倫比」，令人「盛會難忘」；在重慶的雲南館子，火腿則是「脂多肉厚」、「豐腴適口」。顯然，這裏的火腿不僅僅是食物，而是濃濃的鄉情，是作者舌尖上的鄉愁。相比之下，梁實秋到了臺灣，再品嚐火腿，卻說它除了「死鹹」和「帶有死屍味」，甚麼都沒有。如此誇張的描述哪裏是在說火腿的味道，顯然作者是在呈現自己由於遠離故鄉而產生的「不適」心境。因此，食物在梁實秋的散文中，不僅是作者書寫的對象，更是作者給予的一個符號。食物，就是那個早已失去卻又魂牽夢縈的故鄉。

食物是最原始的鄉愁

人們常說：食物是最原始的鄉愁。移居海外的華人常常依靠家鄉的食物解鄉愁，所以我們可以在世界各個角落看到中餐館的身影。我在美國生活近二十餘年，自認為已經很「美國化」，酷愛德州牛扒和紐約乳酪蛋糕。如果想多點情調，也會到甜餅店找法式的「杏仁酥餅」（macaron：法文原意是「少女的酥胸」），我喜歡它奶油加杏仁的甜甜的味道。然而，我還是發現如果我三天沒有

吃米飯和中式菜，就覺得不舒服。由於買不到想要的中國食材和調料，我開始創作各式中西混搭的食物，滿足味蕾對故土食物的思念。後來搬到美食天堂香港，才讓我這個吃貨如魚得水，好不自在。本來只想在香港混一兩年，沒想到一住就是十四年。朋友常問：為甚麼會留在香港這麼久，我從來都會毫不猶豫地回答：香港美食！

　　兩年前，我在誠品書店看到一本書，名為《食光記憶：12則鄉愁的滋味》，一下子就被書名吸引了。上海、東京、紐約三個移民城市的飲食料理及其背後的歷史文化是該書的主線：上海的羅宋湯、栗子蛋糕及蝴蝶酥；東京的日式燒肉、咖喱、紅豆包；紐約的川菜、珍珠奶茶、元祿壽司…… 三個大都會城市，充斥了多少有關移民、流亡、異鄉人和食物的關係和食光記憶。作者說：城市，是鄉愁的起點與終點。對於身處異鄉的人來講，所謂的美食最終是懷舊的（nostalgic）滋味。對於流散在異鄉的人來講，故鄉是在遠方。英文有個詞，是「diaspora」，這個詞源自希臘語「diasperien」，其中前綴 dia- 表示跨越，sperien 意為分散、離散。「Diaspora」常指失去家園的猶太人的散居，現在 diaspora（小寫的 d）可以指代其他族裔的散居狀態。因此，「海外華人」亦可稱為「Chinese diaspora」，並由此產生食物與「身份認同」的關係。像紐約這樣的大都市，我們可以順着中餐館的足跡找到華人移民的軌跡。華人移民用餐館養活了自己、滿足了同胞的思鄉情，也為美國人提供了物廉價美的中國美食。沒有人

過於計較「此中餐」非「彼中餐」，只要少鹽免味精即可。像炒麵、炒飯、還有宮保雞丁都是美國人喜好的中餐。中國老城有一家粵式速食廳，老闆只要問一句是「人吃還是鬼吃？」（是老中還是老外？），就知道如何不同地處理同一道菜。

《紐約時報》華裔記者李競（Jennifer Lee）曾參與製作過一部紀錄片，名為《尋找左宗棠》（*The Search for General Tso*）。「左宗棠雞」（General Tso's Chicken）是美式中餐館常見的一道菜，是美國人喜愛的甜酸口味。據說影片的導演伊恩‧錢尼（Ian Cheney）在拍攝此片的三年中，吃了上萬道左宗棠雞，希冀解開這道中華料理的身世之謎。最終發現，這道所謂的「新湘菜」實際上是來自臺灣改造過的「臺式湘菜」。引進美國後，為了進一步迎合美國人的口味，湘菜的辣中多加了甜酸。從此「左宗棠雞」成為「正宗」的中餐館的招牌菜。如今在美國，我們還可以看到「左宗棠牛排」「左宗棠三明治」這樣的混搭食品。布朗大學的歷史學者李羅勃（Robert G. Lee）指出：「正統的價值其實是創造出來的，沒有真正的傳統中國菜，各地的中國菜都有不同轉變。」（〈林阿炮：《尋找左宗棠》：美式中菜背後的一頁滄桑〉，《關鍵評論》2018年12月26日）說道「創造」一詞，讓我不禁想到在美國中餐館用餐時不可缺少的一個儀式，這就是結賬時服務員送上的「fortune cookies」（「幸運餅」）。這個傳統在中國是見不到的，只有在美國可以看到。據說是一位喜愛中

國菜的猶太人發明的，是典型的「融合中西」的產物。我們可以確認的是，很多美式中菜，像「左宗棠雞」，早已不是家鄉的味道，而是經過多次改良過的「移民食品」。

也許正因如此，許多在國內很少下廚房的留學生，到了國外「被逼成」大廚。他們拿出家鄉菜的菜譜，自己動手，製作家鄉的食物，只是為了那口過去的記憶。即便不是純正的小時候的味道，只要可以慰藉唇齒間的鄉愁，也就心滿意足了。

正在消失的老味道

在香港，沒有比茶餐廳更為香港的符號，是地道的 made in Hong Kong。茶餐廳遍佈整個城市的各個角落。很多人會把平民食肆茶餐廳看作香港身份認同的一部分。甚至說，香港茶餐廳是香港精神的象徵，也是香港的集體回憶。茶餐廳的特點是食物的中西合璧（即港人眼裏的「半唐番」），體現香港中西文化的融合。西多士、炸雞脾、沙嗲牛肉意粉、火腿奄列、星洲炒米、蓮蓉蛋黃包、乾炒牛河等等，菜式俱全，隨意挑選。各式冷熱飲品有鴛鴦奶茶、杏仁茶、凍檸茶、紅豆冰、菠蘿冰等等。食客還可以對菜餚及飲料提出符合自己口味的要求，如「飛沙走奶」。「走」在廣東話中是「去」的意思，故走冰就是去冰，走甜就是去甜。「沙」在茶餐廳裏意指砂（沙）糖，

所以「飛沙走奶」的意思就是「咖啡，不加糖不加奶」之意。這些獨具香港特色的茶餐廳方言讓人着實感受到港式飲食風情。香港女歌手謝安琪（Kay）曾經說，食物有時承載的不只是味道，還有回憶。普遍香港人的「集體味覺回憶」，必定離不開港式茶餐廳的各式食物。謝安琪在她的早期名曲《我愛茶餐廳》這樣唱到：「我愛你個性樸素平民化／會教顧客暢快滿意如歸家／牛油餐包再配以百年濃茶／令倦透的身軀也昇華／你最可嘉再世爸媽。」正像歌曲所言：香港的茶餐廳，見證了香港經濟的繁榮與低谷。多年前，香港電視台在網絡上舉辦「最代表香港的設計」投票活動，結果是茶餐廳高票獲得冠軍。

有意思的是，臺北忠孝敦化附近，有一家「波記茶餐廳」。走進這家茶餐廳，仿佛走進舊日的港式時光。一面油綠色的牆面上，有一塊燙金的「詠春正宗」牌匾，周圍是李小龍擺着詠春拳姿勢的各式照片和圖片。另一面牆上，貼滿了香港舊日的電影海報，是香港的老街景照片。餐廳還有個地下室，依舊是老香港風格。食客無論坐在哪個角落，都可以感受舊日香港的濃濃的情懷。茶餐廳裏的食物既有港式、日式、韓式，亦有泰式、印式、馬來式，多元、包容卻又難以確切定義，就如同香港的文化。如果說在香港，茶餐廳呈現港人的身份認同，那麼在臺北，茶餐廳反映了臺灣人對香港食文化的認知。這種把食物中最「土」的和最「洋」的融為一體、創作出新的飲食類別的舉動，只有港人能做得如此自然，讓茶餐廳成為喚醒群體

在中國傳統文化中，鄉愁和故鄉的食物總是有着天然的聯繫。

記憶的催化劑。

曾幾何時，香港一家經營幾十年的小店，因為難以承受貴租而忍痛結業。當地的市民會爭先恐後地排隊，看它最後一眼、吃上最後一口，把熟悉的滋味保留在記憶深處。然而我們不得不承認，吃是一種不斷發展和流變的文化。隨着食物的工業化、全球化、同質化、單一化，不知食物的鄉愁還能堅持多久。在談到香港傳統小吃消失時，梁文道寫道：「最近一兩年，所有媒體都喜歡做些老店老行業的故事，一方面懷舊，感懷傳說中的人情味和有板有眼的工藝程序；另一方面則批判，矛頭直指地產霸權⋯⋯說到最後，便是香港變了，本土的、傳統的、小戶經營的老風味一個接着一個地消失。」（梁文道：〈傳統小吃的消失：雙城記〉）誰應該為此負責呢？作者認為，我們每一個人都有責任。梁文道說出了我們矛盾和虛偽的一面：既要可以懷舊的老街、老店、老食品，又要現代化的整潔、光鮮、舒適。像我這樣的外來客，這種心態尤為明顯。

從香港消失的傳統小吃，我想到了我成長的北京。雖然我生長於學校大院的環境，但對北京的老胡同以及胡同裏的傳統小吃店並不陌生。炸藕合、羊肉汆麵、麻豆腐、牛肉餡餅、驢打滾、杏仁豆腐、糖葫蘆⋯⋯現在，很多老胡同都拆掉了，取而代之的是像今天的大柵欄或南鑼鼓巷這樣的仿真複製品。離開北京三十餘年，我還是懷念那些一片灰色的老胡同，還有那些兒時喜歡的食物。

哲學與食物都是一種鄉愁

其實，哲學本身就是一種鄉愁，是一種在任何地方都想要回家的衝動。因為一個人永遠都在尋找那個本真的「自我」家園。所謂「你就是你的食物」就是說一個人的飲食習慣和身份認同的關係。這裏所說的「身份認同」，除了個體的因素，實際上更是一種「文化認同」（cultural identity），即一個人對於自身屬於某個社會群體的認同感。由於食物是一個地方的氣候、地理、生態、文化和經濟等因素結合而成的產物，所以不同地域的食物與不同地域人們對食物的偏好都有所不同。法國社會學家克勞德·費席勒（Claude Fischler）在〈食物、自我、身份〉（*Food, self and identity*）一文中指出，「食物是我們身份認同感的核心」。他認為，就個體而言，食物的生理屬性、社會屬性以及心理屬性都會對一個人的身份構建起到重要的作用。另一位比利時社會學家彼得·舒利爾（Peter Sholliers）也指出，食物是一種「集體文化記憶」：食物有故事、有情感、屬於過去，亦屬於現在。舒利爾進一步指出：「透過食物而顯示歸屬情懷不但包括食物的分類及享用，也包括食物中的準備、組織、禁忌、結伴、地方、興趣、時間、語言、符號、形式、意義以及藝術。」（Peter Sholliers: *Food, Drink and Identity: Cooking, Eating and Drinking in Europe since the Middle Ages*）由此，當我們在討論某個文化的某種食物或食物的流變時，我們需要

關注的不僅僅是破譯食物所要傳達的密碼，更是探尋意義成立的密碼是甚麼。這個條件的形成，也是食物背後群體身份認同的形成。因此，食物不再只是食物，它是身份符號、文化符號。

　　法國著名哲學家保羅‧李克爾（Paul Ricoeur）曾提出一個有趣的概念，即「敘述認同」（narrative identity），認為身份認同和文化認同都是在敘述中構建的。李克爾認為，假如沒有敘述，我們對生活經驗的理解，就無從談起。由此，他提出了敘述的三疊式模仿理論（「三重模仿」）：一、「先構形」（prefigure）的階段；二、「作品構作形體」（configure）的階段；三、「重塑」（refigure）階段。換言之，第一個階段是預先賦予作品一個形體，塑造經驗有賴於預期的敘述想像；第二個階段是真正為作品構作形體，具體地講述故事；第三個階段是敘述與經驗值再次塑造，它可以發生在讀者閱讀作品的過程中，讀者將自己的生活經驗帶入敘事的過程中。汪曾祺《故鄉的食物》，很好地證明了這一點。作者在食物的敘事過程中，加入大量作者自身的經驗（如童年時的記憶、對故鄉某種食物的想像）；然後，把這種經驗帶入其作品的構作形體（對當下鄉愁經驗的敘述）；讀者在閱讀汪先生的作品時，又將自身「讀者世界」與作品的「文本世界」相互交融，產生「重塑」後屬於讀者自己的故事。這就是為甚麼我們在讀別人的鄉愁時，會引發自己的鄉愁的原因，這或許正是李克爾所說的「敘述認同」。

中國現代著名散文家周作人曾經寫道：「我的故鄉不止一個，凡我住過的地方都是故鄉⋯⋯對故鄉沒有甚麼特別的情分，只因釣於斯游於斯的關係」。（周作人：〈故鄉的野菜〉）像我這樣的海外遊子，對周先生的話頗有感觸。我在哪裏久住，都會產生「他鄉為故鄉」之感，如果那裏有美食，我的感覺會更強烈。

　　每次回北京，我都會去吃北京的傳統小吃，並不是因為這些食物本身，而是它們留給我的記憶，以及記憶中的故土。我相信，哪天我離開了香港，一定會懷念香港的食物，就像會懷念曾經在這裏遇到過的人和事。

chapter

13

「做飯」
和
「做藝術」

. . . . . .

藝術家當廚師

「做飯」和「做藝術」中的「做」字實際上帶有「表演」的演繹，類似英文中的「perform」或「performance」。美國著名美學家理查德・舒斯特曼的「身體美學」把飲食看作一門藝術，其中包括「做」的藝術和「吃」的藝術。舒斯特曼似乎對後者的興趣更大。老實講，哲學家裏面喜歡做飯的人寥寥無幾，可是藝術家就不同了。「做藝術」是個體力活，所以藝術家對自己的身體經驗和身體意識會更為敏感。對於他們，烹飪是愛，是激情，要麼全身投入，要麼徹底放棄。

將「做飯」和「做藝術」並列而談不乏其人，尤其是那些喜好烹飪的藝術家，像我們熟知的以畫論吃，和以吃論畫的中國國畫大師張大千。很多人都聽過他那句名言：「一個不懂得品嚐美食的人不可能懂藝術。」西方藝術家中愛好廚藝的人也很多，光是畫家就能寫出一串的名字，譬如法國印象派代表人物的莫奈（Oscar-Claude Monet）、西班牙超現實主義派的先鋒人物達利（Salvador Dalí）、美國表現主義大師波洛克（Jackson Pollock）。佳餚美饌影響的不只是藝術家們的味蕾，還有他們的創作靈感。

在十七世紀荷蘭黃金時期各種與食物有關的靜物畫：華麗的桌子，上面半放着令人垂涎欲滴的食物。到了二十世紀，食物更是成為波普（pop art）藝術家創作的一大主

題。他們從抽象轉向具體的符號，而所要建構的意義又取決於視者的視覺感受。如瑞典雕塑家克拉斯・歐登伯格（Claes Oldenburg），把罐裝食物和美艷的裸體女人置放在一起。美國的安迪・華荷（Andy Warhol）把諸如湯罐、可樂或其他速食這些象徵美國流行文化的食品，轉化成藝術作品，由此帶出流行與藝術的關係。荷蘭藝術家瑪瑞吉・沃格贊（Marije Vogelzang）透過視覺藝術，表現人與食物的關係，並形成獨特的當代「食物藝術」。沃格贊稱自己是「飲食設計師」。還有美國藝術家安娜・喬伊斯（Anna K. Joyce），她可以像魔術師一般，在瞬間把最普通的食材（如各種穀物、麵條、蔬菜）轉化為具有視覺衝擊力的藝術作品。另一位值得一提的是這幾年開始走紅的美食藝術家勞雷爾・帕內爾（Laurel Parnell）。她擅長將蔬果轉化成可愛的花草和小動物。帕內爾曾接受 CBS 的採訪，介紹她如何將最不同的蔬菜、水果（有時還會用剩菜）做成風味有趣的視覺美食。帕內爾說，食物藝術是 a killer combo，即是對食物的愛和對藝術的愛完美的結合。當然，把食材做成只能看不能吃的藝術品，不能算是「做飯」，只是在美食之外，增加了藝術的成分。

中式美食講究色香味，除了擺盤的藝術外，非常重視食材雕刻藝術。食材雕刻作為菜餚的裝飾由來已久，成為中華美食的一個組成部分。譬如，宋代孟元老所著的《東京夢華錄》中「七夕」篇寫道：「又以瓜雕刻成花樣，謂之花瓜。」清代李斗所著《揚州畫舫錄》中亦提到：「取

西瓜，皮鏤刻人物、花卉、蟲、魚之戲，謂之西瓜燈。」這裏面提到西瓜和瓜雕，讓我想到蘇州菜系裏的一道名菜，西瓜雞。廚師運用浮雕技術，在鏤空的西瓜上雕刻出不同的花紋，再將紫砂氣鍋蒸好的童子雞放進西瓜裏。西瓜的清香會慢慢滲入雞湯裏，別有一番滋味。其實，大江南北幾乎所有的菜系都有雕刻的傳統。美輪美奐的食物，常常令人不忍入口。就連最不重視雕刻的粵菜，近年來也在瓜果的雕刻上大下功夫，以滿足年輕人「手機先吃」的要求。也有人會說：食材雕刻是「技」，不是「藝術」。其實，這種區分，大可不必。雕刻是刀功，但也要求藝術的想像力。

親自下廚的藝術家，中外皆有。下面說說幾位西方的藝術家和食物造型師。

莫奈的家宴

1990 年，美國藝術史學者克萊爾．喬伊（Claire Joyes）和她的法國作者出版了一本書，題為 *Monet's Table: The Cooking Journals of Claude Monet*，直譯為《莫奈的餐桌：莫奈的烹飪日誌》，中譯本書名為《莫奈的家宴》。喬伊和莫奈家族有親戚關係，寫過多本有關莫奈藝術的專著，該書是唯一的一本有關莫奈與美食的作品。書中除了對莫奈的藝術生涯的介紹外，所有的食譜皆翻譯自

莫奈的日記，涵蓋法國經典的菜餚。莫奈喜歡招待朋友來家吃飯，並親自下廚。他對食材非常講究，使用的雞鴨全部是自家小農場飼養。

《莫奈的家宴》的作者除了談美食，還專門談及到莫奈家赴宴的藝術家和其他的名流食客以及他們在餐桌上的高談闊論。譬如畫家有雷諾阿（Pierre-Auguste Renoir）、西斯萊（Alfred Sisley）、竇加（Edgar Degas）、塞尚（Paul Cézanne），前三位都屬於印象派風格，塞尚屬於從印象派到立體派的過渡畫家。另外，莫奈家宴的來賓還有著名的法國雕塑家羅丹（Auguste Rodin），小說家莫泊桑（Henri Maupassant）以及詩人瓦雷利（Paul Valéry）。書中的一些食譜，就是來自這些朋友的親自傳授。透過莫奈家宴上各式精美的食品，我們可以從一個全新的角度，了解這位藝術大師獨特的性格和那個時代獨有的品味，見證莫奈作為美食家的生活經歷。

1872 年，莫奈創作了舉世知名的作品《印象·日出》。這幅畫作雖然遭到學院派的攻擊，但卻成就了一個新的畫派的誕生，這就是印象派（Impressionnisme）。印象派將光與影的觀念引入到繪畫之中，改變了陰影和輪廓線的繪畫技巧。莫奈的一生，被稱作追光者的一生。畫家大半生生活在吉維尼（Giverny）一間租來的鄉間別墅，他在這裏享受着諾曼底的自然風光，同時創作了大量的印象派作品。現在，吉維尼花園成為了旅遊勝地，每年吸引來自世界各地的遊客。美食愛好者一定會參觀一下莫奈的

餐廳和廚房，想像自己與畫家在佈滿日本浮世繪裝飾的餐廳，享用燭光晚餐的一幕。

莫奈生性沉默寡言。雖然有妻子和八個孩子作伴，他還是喜愛獨自作畫，或獨自思索。當然，喜歡廚藝的莫奈也把他對美食的熱愛表現在他的創作中。在他那幅著名的《午宴》畫中，我們看到在整齊的花園裏，雪白的桌布上擺放着麵包、水果、葡萄酒、器皿，與庭院裏盛開的鮮花遙相呼應。我們還可以想像一個製作考究的菜譜，以及莫奈親手烹飪的美食。這是一個夏日午後，陽光普照、晴空萬里。桌子邊是孩子安靜地在玩着玩具，女人在遠處的花叢中散步……這是莫奈所嚮往的鄉間靜謐的生活，帶有「偷得浮生半日閒」的感覺。

《莫奈的家宴》的另一位作者是被稱之為法國世紀名廚的喬爾·侯布雄（又譯若埃爾·羅比雄；Joël Robuchon）。他以改造傳統法式大餐著名，能將精緻的法餐與無拘無束的「簡約主義」風格巧妙地融合起來。在香港和上海外灘，我們都能看到 L' Atelier de Joël Robuchon（侯布雄法式餐廳）連鎖店，引得不少食客去這家高端餐廳朝聖。據說侯布雄擁有 32 顆米其林星星，曾榮獲 Meilleur Ouvrier de France（法國最佳手工藝者獎）和 Cuisinier du siècle（世紀名廚）等大獎。只有具備這等廚藝的大師，才有能力將莫奈的食譜一一製作出來，展現在我們面前。侯布雄的名言是：「沒有所謂完美的一餐，因為我們總會做得更好。」

TYPE OF
COFFEE

也有人會說：食材雕刻是「技」，不是「藝術」。

其實，這種區分，大可不必。

愛神的肉丸子

1973 年，西班牙畫家達利（Salvador Dalí，1904-1989）也出版過一本食譜《卡拉的盛大晚宴》（*Les Diners de Gala*）。卡拉是他太太的名字，此書以他太太的名字命名，因為達利夫婦一直以舉辦奢華的食物晚會而出名。這本食譜讓讀者體驗了一把超現實主義與滿足多重感官的藝術之旅，許多珍貴史料首次曝光。書中提到 136 道佳餚，不少菜名都很怪異，但會讓人浮想聯翩，如「愛神的肉丸子」、「性愛之神的泥」、「侏儒的終極不安」、「被雞姦的頭盤 - 主菜」、「賽蓮（人首鳥身）的肩膀」等等。達利曾經說過：「做菜，就像做藝術，都需要活性和創造力。」烹飪「是嚴肅藝術的一部，是真正的文明最精巧的象徵」。據記載，達利從小就對廚房有特殊的情感，曾經發誓長大一定要戴 toque blanche 帽子（一種專屬廚師的高帽）。達利在他的自傳《我的秘密生活》中，寫到他小時候，常常會溜進廚房，乘大人不備，抓到一塊肉或者一個烤蘑菇，迅速塞進嘴裏。他說：「我匆匆吞下它們，體會到一種難以形容之感，不安和負罪的念頭使幸福感更加強烈了。」也許，就在那個時候，達利就已經知道自己是一個不可救藥的吃貨了。後來。他毫無遮掩地宣稱：「所有的覺悟都體會在貪吃上」，「烹飪才是文明的真正標誌」。達利像研究藝術一樣，努力研究自己的飲食哲學，並把心得體會寫進他的食譜。譬如，他喜好那些被他稱之

為「具有清晰形式的東西」，像甲殼類動物，說它們肉藏於內、骨露其外的特徵反映了哲學的特質。相反，達利不喜歡菠菜，說這類菜「像自由一樣沒有定型」。無疑，達利是個怪咖，他說出的話常常令人一頭霧水。

達利與畢加索（Pablo R. Picasso，1881-1973）、馬蒂斯（Henri É. Matisse，1869-1954）並稱為 20 世紀三大畫家。達利的畫風獨特，具有魔幻的魅力。評論家常說，看達利的作品，就看到了人的潛意識。有些作品直接命名為「夢幻」。達利的性生活和性取向是藝術史中常被提及的八卦。有人說他是同性戀，有「恐懼女性陰部」的毛病，並展現在他的裸女作品中。達利在馬德里求學時，與詩人羅卡（Federico García Lorca）的親密關係也帶有神秘的色彩。其實，女性生殖器成為達利「既恐懼又迷戀」的藝術對象，達利把它形容為「地獄的顏色」。還有人說達利有「坎道列斯情結」（Candaulism），喜歡觀看伴侶與第三者性交等等怪異的愛好。

也許達利的性生活與眾不同，但他對美食的熱愛更被世人關注。同法國一樣，西班牙也是一個以美食著稱的國家。達利對法餐也頗有研究，不過他更注重食物的藝術效果。他的食譜，也像他的藝術作品一樣，充滿了「超現實主義」的特色。他的臨摹靜物畫很多是以美食為對象：肉類、海鮮類、水果類。達利的代表作之一《思憶中的女人》是用玉米、瓷器和硬紙板等材料製作的雕塑，女人的頭上頂着一個金黃色的大麵包。達利解釋道：「它（麵包）

是那麼有用，是營養和食物秘密的符號，我要把它變得不實用而具美感，用麵包來製造超現實。」（耿漢：〈撒一點兒達利，你就能吃到一切刺激、誘惑的美食〉）據說，這件作品上的麵包在 1933 年參加巴黎獨立沙龍的超現實主義畫展時，被前來參觀的畢加索所帶來的狗叼走了。

不想當廚師的畫家不是一個好吃貨，比如達利。

食物的色彩

2015 年，《與傑克森‧波洛克一起晚餐》（Dinner with Jackson Pollock）一書的特別版在美國問世。波洛克是一位有影響力的美國畫家以及抽象表現主義運動的主要力量。作者羅賓‧麗婭（Robyn Lea）生於澳大利亞，後移居意大利的米蘭。多年前，她曾造訪東漢普頓藝術博物館（East Hampton Museum），當參觀到波洛克與妻子的故居時，被他們的廚房所吸引。那是一間擺設十分考究的廚房，有知名的法國廚具 Le Creuset，美國陶瓷設計師 Eva Zeisel 的系列餐具等。在那一時刻，麗婭就決定要寫一本波洛克和美食的書。她在博物館找到波洛克的手稿，以及當年《紐約時報》的美食專欄。後來又親自採訪了波洛克的親友，找到更多的有關波洛克與美食的素材。波洛克的侄女弗拉西斯卡‧波洛克（Francesca Pollock）特意為這本藝術＋美食的書作序。

波洛克是美國上世紀 40 至 50 年代「抽象表現主義」
（abstract expressionism）的代表人物，以獨特的「滴畫法」
的風格著名（取消畫架，把巨大的畫布平鋪在地上，用畫
筆把顏料滴濺在畫布上）。抽象表現主義或稱紐約畫派，
是第二次世界大戰之後盛行二十年、以紐約為中心的藝術
運動，一般被認為是一種透過形狀和顏色、以主觀方式來
表達而非直接描繪自然世界的藝術。抽象表現主義是對傳
統的藝術交流方式的顛覆，其主要特質是反對把藝術品當
作審視和表現的對象。畫家不再站在視覺表現以外的角度
觀察和評判作品的形式和內容，而是從視覺形式入手，從
精神建構的角度探討和理解形式。抽象表現主義凸顯對理
性主義和藝術再現真與善的質疑。抽象表現主義藝術家堅
持，藝術並非是認知，亦非道德；藝術當下的感知及體驗
是否必然，這是一般語言所難以言傳的。能夠解釋的並非
語言概念和邏輯，就像生命的狀態，能夠解剖的是軀體，
並非是生命本身。觀看藝術就是見證當下。而每個當下並
非片段，而是存有的整體，生命是在實體中蘊量其存在。
同樣，抽象表現主義所反映的個體經驗也不只是屬於藝術
家自身，而是可以讓觀賞者產生共鳴。正如著名的抽象表
現主義藝術家瓦西里・康丁斯基（Wassily Kandinsky）所
言：「真正的藝術家應能認識到抽象是一種美的情緒，這
種美的情緒屬於宇宙萬物，是廣大無邊的。」同時，他又
說：「你要有能力擺脫開外在的事物，才有能力進入到內
在世界。」（瓦西里・康丁斯基：《藝術與藝術家論》）

抽象表現主義在藝術形式上體現一種鮮明的風格，表現在兩個重要的特徵：一，「形象」或「具象」在作品中不重要；色彩與造形成為最重要的語言。由此，抽象表現主義是一種「無形式主義的藝術」（art informia）；二，創作的「行動」或「情緒」在作品中留下很清楚的痕跡。抽象表現主義的這兩種特色清楚地表達了他們的一個創作觀念：純粹的色彩與造形是他們最重要的表達語言；「行動」本身也是一種藝術表現，波洛克的「滴畫法」就是這種「行動」的再現，是「行動繪畫」，也是舒斯特曼所說的體現身體美學的「表演」（performance）。波洛克隨意在畫布上潑灑，任顏料在畫布上滴淌。他的作品第一眼看上去有雜亂無章之感，但看着看着，你就會被充滿動感的畫面所征服。麗婭在她的書中提到當年除了作畫，就是對美食烹飪的追求。譬如，波洛克喜歡蘋果派，他一直在研究自己的配方和烘焙的方法。不知在做好的蘋果派上捽上幾滴色彩會是甚麼樣的效果？我想，波洛克反對束縛、崇尚自由的美國精神，也同樣會反映在他的廚藝中。每天看着不同顏色的食物，他時刻都在想着如何把這些食物變成藝術作品。

舌尖上的設計

　　「飲食設計師」荷蘭藝術家沃格贊把她的作品看作「舌尖上的設計」。有意思的是沃格贊不是從食物本身，而是從人的飲食行為的角度進行設計，創造了「關於吃的設計」概念。沃格贊指出，我們的每一口食物，從營養、食器、廚具、推廣、生產、農業到銷售，其實都充滿着設計。她說：「我從人們進行飲食這項行為展開研究，設計靈感啟發自備餐、飲食禮儀、進餐儀式、食物文化與歷史等面向，而非單單專注在食物本身。」1999 年，當沃格贊還是荷蘭恩荷芬設計學院（Design Academy Eindhoven）的學生時，她設計了一套稱之為「白色葬禮餐」（white funeral meal）的白色餐具組合，專門為失去親人的家屬準備的。她指出：「食物有撫慰人心的特質，但某些喪禮儀式並非如此，我想將一頓白色晚餐作為傳統葬禮習俗的替代方式。」在這樣的設計中用餐，人們可以與逝者透過飲食共享曾經經歷過的快樂。所以，沃格贊強調，食物不僅僅是進入胃裏而已，同時透過我們的意識和情感，讓有形的食物轉化為無形的記憶。

　　沃格贊指出，大自然創造的食物已近乎完美，而我們所要關注的是食物的內涵以及食物背後所蘊涵的故事，包括隱藏在「吃」這個行為背後的人與人的關係、人與自然的關係、人與自身的關係。的確，食物與世界上的一切事物息息相關。在沃格贊看來，食物就是情感、是記憶。

我們透過我們每日的飲食在塑造我們自己，同時也在塑造這個世界。受到沃格贊飲食藝術的啟發，日本東京都美術館舉辦了一場名為「便當」的展覽，向人們展示如何把盒飯吃成一種藝術。中國的深圳華·美術館也辦了一場關於「吃」的展覽，沃格贊親自參與了本次展覽，其中包括藝術家創作的與吃相關的攝影、裝置、設計作品。關於吃的概念當然少不了盛裝食品的器皿。弗格桑認為，食品的器皿是人們飲食的主要儀式，亦是食客敘述故事的工具。

沃格贊特意提到飲茶的儀式和設計：從茶葉的採集、加工到運輸。然後是飲茶本身的一系列的儀式。這不由地令我們想到日本的「茶道」（又稱為「茶之湯」），是經典的飲食藝術。整個嚴謹的程序，體現茶道的四大精神：和、敬、清、靜。茶具和茶室，以及茶室內外的佈置、書畫也為儀式提供了特殊的氛圍。東方的茶文化體現了現代藝術家所說的讓飲食回到感官、自然、文化、社會和藝術。為了表達這一理念，沃格贊創作了她的代表作〈共享晚餐〉（*Sharing Dinner*）的「食驗設計」：設計者把一片挖洞的餐巾吊在空中，只讓人的頭和手顯示在餐桌上。整個畫面一方面體現每個個體的獨立和平等，另一方面又凸顯餐桌前的每個人都是相互聯繫的共同體。每位食客的盤中只放一種食物，這就意味着他／她需要和桌子對面的人交換食物。沃格贊透過這樣的視覺藝術，探索食物帶來的各種感官體驗。畢竟，飲食是人與環境互動的結果。

和沃格贊相似，另一位值得提及的把「做飯」和

「做藝術」融為一體的藝術家是來拉‧高海爾（Laila Gohar）。高海爾出生在埃及，後到美國讀書，現在定居紐約，被稱為「廚房裏的藝術家」。食物就是她的畫布和藝術材料，她的藝術活動就是挑選食材、設計菜品，到空間的裝置和陳列。高海爾運用各種食物創造出各式的裝置藝術，譬如懸掛在半空的麵包、巨型橙色的、帶玫瑰的蝦塔以及用棉花糖搭建一座雲朵山。這一切顛覆人們對食物視覺感。高海爾說：「食物是我說故事的方式。當食物、空間和人結合在一起時，就能創造一個故事。」在廚房裏，高海爾是一邊做飯，一邊做藝術。雖然生活在城市，但她把自己和伴侶的家佈置出田園的風味。

朋友們喜歡去高海爾位於曼哈頓的公寓用餐，因為她把餐桌當展覽，把愛好當飯吃：食物、器皿、裝飾——一切都是那麼的賞心悅目。食物成為雕塑，五光十色，其中很多的食物雕塑都被送進了美術館。雖然是廚房裏的藝術家，她做出來的食物被當成藝術品，擺在藝術館的展覽室中。因為作品富有現代感，她也常常為藝術或時尚活動提供餐點，奇妙的裝置總會給人帶來驚喜，讓食客享受全新的飲食體驗。因為食物的造型太美了，很多人都捨不得吃。兩年前在米蘭家具展的 MINI 展上，高海爾搭建了一個食物實驗室，人們可以把新鮮採摘的蔬果，重新栽進「土壤」——用糙米、藜麥和菇米做成沙拉。高海爾解釋道：「我喜歡讓食物保持本來的樣子，它們本來就很美，我無法比自然再多做些什麼了。」高海爾認為，社會

應該打破美食與藝術殿堂間的藩籬。所以她要以獨立食物藝術家的身份，扭轉社會對食物的固有想像與觀點。高海爾為電子公司 Bang & Olufsen 打造了一款融合飲食和聲音的多感官裝置，這令她名聲大噪。牆上蘋果一字排開，觀眾戴上耳機同時拿起蘋果啃咬時，本應該聽到喀喀聲，卻從耳機傳來嘶嘶沙沙聲；在吃薯片時，卻又聽到了嘎嘎聲，擾亂觀者感官判斷。（Sora H.:〈吐司沙發、混凝土晚宴……食物裝置藝術家 Laila Gohar 讓藝術「更美味」〉）把進食看作一個行為藝術，高海爾的角度的確獨到。

　　動手做做看，飲食的樂趣部分來自製作的過程。比起吃，我更喜歡購買食材、烹調配菜、擺盤上桌的過程。

　　「做飯」就是「做藝術」，就是創造極致的美食體驗。

chapter

14

舌尖上
的
音符

······

作為「數字調味料」的音樂

　　近年來，音樂與美食的關係受到一些學者的重視。他們發現，音樂不但可以是調味料，增強人的食慾，而且可以影響人們的味覺。牛津大學心理學家查爾斯・史班斯（Charles Spence）研究味道心理學，包括飲食與音樂的關係。他說：「當人們想到食物的風味，他們會想到味覺，會想到嗅覺，會想到食物的樣子，甚至會想到食物在嘴裏的質感，但他們從來不會想到聽覺。」（Charles Spence: *Gastrophysics: The New Science of Eating* ）儘管如此，史班斯堅持認為，吃是多感官的體驗（the multisensory experience）。他在研究中發現，某些食物搭配特定音樂能讓食者產生有特色的風味，亦即在進食時如果同時聆聽特定的音樂，會感覺味道更好，猶如「數字調味料」（digital spices）。

　　音樂沒辦法創造出味道，但是可以讓人聯想出食物或酒裏的寓意，以達到增進食慾的效果。在一項實驗中，史班斯要求受測人員先後吃兩塊一模一樣的巧克力，同時聆聽兩種不同的古典音樂。結果發現，如果受測人員聽到比較憂鬱的音樂，他們會感覺巧克力的味道比較苦；如果播放的音樂比較歡樂，他們就會感覺巧克力的味道比較甜。很明顯，人的味覺感知受當下心理因素的影響，而心理因素又可能受到來自音樂所產生的聽覺的影響。史班斯由此判斷，雖然音樂不會產生味覺刺激，但能使食客注意力集

中到特定味覺上。例如高音會凸顯酸味，低音凸顯苦味，層次較豐富的聲音則帶出甜味。（〈音樂影響味覺是真的〉轉載於《關鍵評論》，2015 年）。與多數研究味覺的學者不同，史班斯認為，味道是大腦而非舌頭來判斷的，音樂是一種數字調味料，它能夠清潔味蕾、影響甚至改變食物的味道。難道是味覺細胞產生神經訊號，將訊息傳遞至大腦，再做出「甜」或「苦」的判斷？

與史班斯合作的英國名廚赫斯頓‧布魯門索（Heston Blumenthal），曾設計過一款新菜，名為「海洋的聲音」（The Sound of the Sea）。食客看到的是，放在沙子和海帶上的魚塊，伴隨着氣泡的白漿，宛如衝擊海灘的浪花。進餐時，每位食客帶上 MP3 播放器，可以聽到海浪的拍打聲和海鳥的叫聲。顯然，除了色香味，布魯門索給美食增加了聲音。這種多感官的刺激經驗，正是布魯門索和史班斯所需要的。

史班斯發現，音樂對飲酒有特殊的效果。如果人們在喝酒時同時聽匹配的音樂，其感受比不聽音樂好很多。史班斯指出，音樂可以改變人們的口感。如果品酒時，選對了音樂，有助於提升酒的味道。如音樂高音會提升甜味，低音則增強苦味。法國瑪歌酒莊（Chateau Margaux）在 2004 年品酒的活動中，專門搭配俄羅斯作曲家柴可夫斯基的〈D 大調第一號弦樂四重奏〉（*String Quartet No. 1 in D Major*）。而羅亞爾河區的普依 - 芙美（Pouilly-Fume）紅酒則應配莫扎特的〈D 大調長笛四重奏〉（*Flute Quartet* in D Major）。

現任職於比利時布魯塞爾自由大學和魯汶大學的菲利普．卡瓦爾羅（Felipe R. Carvalho）是一名音響工程師。他曾與布魯塞爾的一家啤酒廠和英國伯明翰搖滾樂團 Editor 合作，研究喝啤酒與聽音樂之間的關聯。Editor 在英國和歐洲有一定的名氣，其風格屬於後朋克復興。布魯塞爾啤酒廠以 Editors 最新專輯的歌曲 Ocean of Night 及 Salvation 為靈感，打造與其調性相符的啤酒。啤酒廠還專門選用英式深色波特啤酒為基底，再以伯爵茶調味，以此配合樂隊的專輯《在夢中》（In Dream）所呈現的黑暗中透出曙光的視覺設計。據報道，「完成的啤酒微苦，帶有黑巧克力與佛手柑的風味，柑橘的酸爽穿透色深而苦的啤酒，就如暗中透光的專輯封面。」卡瓦爾羅指出，「樂隊帶來的愉悅效果似乎也移轉成啤酒的味道。」（Ting Wei 編輯：〈音樂能讓食物更美味？〉）啤酒也可以有搖滾靈魂，太神奇了吧？

還有學者認為，古典音樂會促進食客的消費。因為古典音樂讓人有高雅富貴的感覺，在餐館點菜時，也會更願意點較貴的菜餚。還有好事之徒，在樂譜上配菜單：甚麼小龍蝦搭配莫扎特，海鮮搭配巴哈，生蠔搭配貝多芬，甜點搭配肖邦等等。輕柔的音樂，會給人一種輕鬆舒適的感覺，適合咖啡館和較為幽靜的餐館。流行歌手在不同的餐廳或酒吧駐唱是常見的文化現象。美國的新奧爾良（亦稱紐奧良），一個被稱之為「被爵士樂包圍的城市」。作

為美國爵士樂的發源地，新奧爾良爵士樂（New Orleans Jazz）無疑是當地的一道獨特的風景線。邊吃卡津（cajun）海鮮，加上當地的火燒香蕉冰激凌（bananas foster），邊聽藍調和爵士樂，是我當年學生時代的最美好的記憶。

美食交響樂

　　說到古典音樂和美食，讓我想到現在一個流行的術語「美食交響樂」（gourmet symphony，簡稱 GS）。古典音樂 + 美食，但這有別於我們平時熟悉的在餐廳用餐、背景是放古典音樂的 CD。除了在郵輪上，交響樂團還會巡遊餐廳，這是怎樣的一道風景線呀？ 2015 年，《華盛頓郵報》報道，三位來自美食交響樂團的樂手在華盛頓一家餐館，表演了一場「木頭功效 101」的特別演出。此演出是交響樂團酒吧音樂會系列演出的一部分，邀請了四十名食客前來體驗一番耳邊的饗宴。除了演奏，音樂家們還向食客介紹木管樂器的發聲原理及在交響樂中所起的作用。餐廳則結合烹飪技術，講述木頭在燒烤食物中的作用，並奉上配合「木頭功效 101」的佳餚。另外，美國國家交響樂團的小提琴家兼指揮貝爾（Joshua Bell）與著名廚師邁克爾‧伊莎貝拉（Mike Isabella）合作，在華盛頓的雷根大廈完成了一次獨特的美食音樂會，這是音樂藝術（musical art）與烹飪藝術（culinary art）完美的合作，被

稱作「taste your music」（品嚐音樂）的藝術體驗。

我們也許會問：交響樂團走出音樂廳，走進了餐館，這會不會有損於 high art（高雅的藝術）的風格呢？或許不會，因為傳統的二元劃分，如「主要藝術」（art maggiori）和「次要藝術」（art minori）或者是「高（級）藝術」（high art）和「低（級）藝術」（low art）或者是「藝術」（fine art）已經不再那麼重要了。古典音樂是藝術，它可以在音樂廳裏，也可以在其他地方。音樂與烹飪和飲食藝術碰撞，這是多重藝術的組合。

其實，古典音樂＋美食早就不是甚麼新奇的事物。如果你有機會造訪莫扎特的故鄉薩爾斯堡（Salzburg），就可以在那裏體驗一下莫扎特晚餐音樂會。坐在在歐洲最古老的餐廳「聖彼得史蒂夫凱」（Stiftskeller St. Peter），在其巴洛克風格的大餐廳的燭光下，你可以盡情享用來自18 世紀莫扎特時代的古典食譜。服務員穿着古裝送菜，樂師也是穿着古裝演奏莫扎特作品。晚餐是傳統的三道菜式：奶油濃湯，帶着檸檬和肉桂香味；主菜是烤辣椒雞肉配焗烤馬鈴薯和蔬菜；甜點是以果子和焦糖為材料做成的凍糕，被稱之為「莫扎特的甜蜜秘密」。誰都知道，莫扎特本人酷愛甜點。在這裏一邊品嚐薩爾斯堡美食，一邊聽歌劇演員演唱〈費加羅的婚禮〉、〈唐璜〉以及〈魔笛〉，實在是身心的最高享受。當然，這種欣賞古典音樂的方式與在音樂廳正襟危坐的方式有所不同，這裏不但可以動彈，而且有吃有喝。想當初在 18 世紀，人們觀看歌劇，

大概就是這個樣子。

自然，薩爾斯堡有許多來自世界各地的遊客和莫扎特迷。人們都說，在這裏，你可以感受天堂的滋味。在這裏，我們可以看到許多以莫扎特命名的各類美食：莫扎特咖啡（Mozart-Kaffee）、莫扎特茶（Mozart-Tee）、莫扎特馬鈴薯丸子（Mozart-Knödel）、莫扎特甜品酸奶（Mozart Dessert-Joghurt）、莫扎特旅行蛋糕（Mozart-Reisetorte）、莫扎特香腸（Mozart-Wurst），再配上莫扎特啤酒（Mozart-Bier）。或許在商業文化中，莫扎特作為城市的品牌被過分消費了。薩爾斯堡畢竟是一個著名的旅遊城市，在這個音樂之都，有太多的莫扎特的商品，誰會太在意呢？

美籍華裔小提琴家呂思清是我喜愛的一位音樂家。18 歲那年，他獲得帕格尼尼國際小提琴大賽金獎，是獲得此項殊榮的第一位亞洲音樂人。我認為他所演奏的《梁祝》小提琴協奏曲是自俞麗拿之後最好的。他雖然是山東青島人，卻可以完美地表達濃郁的江南情懷。呂思清也是位吃貨，喜歡用美食和紅酒比喻音樂。他家的美食音樂沙龍也時常被朋友提及。呂思清說，他研究美食與研究音樂具有同樣的樂趣。

懂音樂需要會聽的耳朵。有些人很懂音樂，但對美食卻毫無興趣。譬如德國哲學家叔本華，他認為音樂是人類真正可以互通的語言。一段意蘊豐厚的旋律，無論走到哪裏都可以被人理解。透過音樂，人們可以擺脫世間的苦難和孤獨。（叔本華：〈論美學〉）叔本華的哲學名

著《意志與表象的世界》以及他的唯意志論曾啟發了華格納（Richard Wagner）的歌劇創作；尼采也在他的影響下創作了數首藝術歌曲和鋼琴作品。叔本華認為，我們生存的這個物質世界是由盲目的、無意識的意志（Will）所驅動，當人類意識到這種存在的痛苦、不滿足感時，就渴望更高的存在，而音樂能夠滿足這種渴望。

音樂除了可以做背景，烘托氣氛，還可以配上歌詞，讓美食成為音樂的一部分。也就是說，美食不但好吃，也可以好聽。

叔本華的父親是位成功的商人，他在父親去世後繼承了豐厚的遺產，一生過着富裕的生活，然而他對「美食」卻毫無興趣。在叔本華看來，吃的快樂至多是滿足生命力而得到的一時之快樂，被叔本華列為第一類的快樂，也是最低層的快樂；與之相對，音樂所帶來的快樂屬於第三類的快樂，是滿足怡情而得到的快樂，亦是最高等級的快樂。

他指出，音樂是「意志的模仿」，是對意志赤裸的、最直接的感受經驗，表達的是意志本身的「物自身」，所以具有最高的藝術價值。更為重要的是，叔本華所說的音樂是純聲音的音樂（如旋律的半音變化、大小三和弦的轉換），是不含雜質的享受，因此他不能容忍音樂拿來作為語言歌詞的陪襯和附庸。

音樂被拿來做食物的陪襯和附庸，不知叔本華如何看待當下流行的美食交響樂。

美食與音樂的互動

現在有些餐廳為了吸引年輕的食客，還舉辦主題音樂餐。透過一系列圍繞一個主題的音樂節目打造身臨其境之感，其口號是「家庭廚房＋社交場所＋美食體驗」，追求「多形式，原滋味，接地氣」。近年在中國內地，以朋克（又譯「龐克」，punk）為主題的音樂餐廳受到年輕人

的青睞。在廣州有一家名為龐克時尚主題餐廳，是當地首間國際級美食音樂概念的沙龍。朋克無拘無束的搖滾，加上玩世不恭的時髦味頗受追捧。龐克時尚主題餐廳會不定期邀請國內外知名音樂人、樂隊、演奏家舉行狂歡派對或即興現場表演，把美食的「瘋」和音樂的「狂」，融合在一起，創造飲食的新風尚。有意思的是，餐廳的主打菜不是西餐，而是川菜。想想帶着辣味的搖滾，怎能不讓人瘋狂？

音樂除了可以做背景，烘托氣氛，還可以配上歌詞，讓美食成為音樂的一部分。也就是說，美食不但好吃，也可以好聽。一些流行歌手將美食直截了當地寫入歌曲之中，讓聽覺和味覺同時湧動。如林俊傑的《豆漿油條》、周杰倫的《麥芽糖》、王蓉的《水煮魚》、陶喆的《宮保雞丁》、阿肆的《我在人民廣場吃炸雞》、Kiki（富妍）的《咖喱咖喱》、蔡依林的《爆米花的味道》。英文歌曲更多，如披頭四（The Beatles）的 Wild Honey Pie、唐·麥克林（Don McLean）的 American Pie、約翰·強生（Jack Johnson）的 Banana Pancakes、饒舌歌手 Drake 的 Passionfruit、hip hop 組合 Migos 的 Stir Fry、卡朋特兄妹（Carpenters）的 Jambalaya。聽着歌曲，垂涎欲滴，這是甚麼感覺呀？

讀過村上春樹作品的人，都知道村上是音樂和美食的愛好者。不少讀者讀村上的作品，不是看他講述的故事，而是看他聽甚麼音樂，吃甚麼美食。對於村上，音樂不只

是音樂，它往往是記憶的載體，就像美食，是舌尖上的記憶。村上的作品的名字不少來自音樂曲目，譬如披頭四的《挪威的森林》（*Norwegian Wood*）、海灘男孩（The Beach Boys）的《舞舞舞》（*Dance, Dance, Dance*）、美國歌星納・京・高（Nat King Cole）的《國境以南、太陽以西》（*South of the Border*）。村上對古典音樂也非常在行，《奇鳥行狀錄》的《賊喜鵲篇》、《預言鳥篇》和《捕鳥人篇》，分別來自羅西尼、舒曼和莫扎特的作品；《沒有色彩的多崎作和他的巡禮之年》則來自李斯特的《巡禮之年》。唱片公司還特意把村上春樹作品中出現的音樂片段結集發行，如《海邊的卡夫卡》中的貝多芬降 B 大調《大公》鋼琴三重奏第一樂章、舒伯特《D 大調第 17鋼琴奏鳴曲》第四樂章；《舞舞舞》中有斯美塔納的交響詩《我的祖國》片段《伏爾塔瓦河》；《國境以南、太陽以西》中舒伯特的《冬之旅》第五首歌曲《菩提樹》等。村上春樹曾多次說過：「如果我沒有這樣着迷於音樂的話，我不可能會成為小說家。」其實，村上還是位爵士迷，他曾親自翻譯美國爵士樂貝斯手比爾・克勞（Bill Crow）的作品，如《再見 Birdland——一位爵士樂音樂家的回憶》（*From Birdland To Broadway*）、《爵士逸聞》（*Jazz Anecdotes*）。

　　同時，村上春樹也是位美食達人。他筆下的男主角們無不是燒得一手好菜，即便是一人食，每道菜也絕不含糊。譬如長篇小說《奇鳥行狀錄》一開場就有一段對

食物細緻的描寫：「將薄牛肉片和元蔥青椒豆芽推進中國式鐵鍋用猛火混炒，再撒上細鹽胡椒粉澆上醬油，最後淋上啤酒即可……我在廚房裏切麵包夾黃油和芥末，再夾進西紅柿片和奶酪片，之後放在菜板上準備用刀一切為二——正要切時電話打來了。」另一部小說《舞舞舞》中出現這樣一個場景：「嚼罷芹菜，我開始琢磨晚飯吃點甚麼。細麵條不錯，粗點切兩頭大蒜放入，用橄欖油一炒。可以先把平底鍋傾斜一下，使油集中一處，用文火慢慢來炒。然後將紅辣椒整個扔進去，同大蒜一起炒，在苦味尚未出來時將大蒜和辣椒取出。這取出的火候頗難掌握。再把火腿切成片放進裏邊炒，要炒得脆生生的才行。之後把已經煮好的細麵條倒入大致攪一下，撒上一層切得細細的香菜，最後再另做一個清淡爽口的西紅柿奶酪色拉。」當然，村上的作品中也少不了他喜愛的各式西洋美食和飲料，黃鮍鰊魚肝醬、荷蘭芹味烤乳牛，洋酒有瑪莉白蘭地、蘇格蘭順風威士忌、冰伏特加汽水等等。村上的故事，經常會讓讀者邊讀邊垂口水。而村上春樹曾經坦白道，清淡的關西口味才是他本人的最愛。

村上對美食是如此的鍾愛，以致讓他的忠實讀者（同時也是美食愛好者）熱衷於專門以他的作品為基礎的美食書籍。如一位名為猿渡靜子的網紅，曾翻譯了《村上春樹 RECIPE》一書，並號稱要以村上的飲食方式享受生活。另一位是韓國著名的美食專欄作家車侑陳，她本人同時是位村上迷，寫過《村上春樹先生，一起用餐吧！》。兩位

皆為女性，閱讀村上的作品多少帶有特定的女性敏感的視角。

　　黑膠、紅酒、佳餚⋯⋯ 有音樂和美食的陪伴，村上應該是幸福之人。即便是個名副其實的宅男，與外面的世界有所疏離，但也不妨礙他活得有滋味。

感覺音樂

　　音樂通過聲音表達意義。但音樂的本質是甚麼？「music」一詞起源於希臘文「mousike（techne）」，意指「technology of the Muses」，即「獻給女神繆斯的技術」。在古希臘神話中，繆斯是九位古老文藝女神的總稱，也是藝術（包括詩歌、音樂與舞蹈）與技術的化身。到了古羅馬時代，繆斯減為三位，成為歌唱、沉思和記憶的三位一體。譬如，17 世紀有一幅著名的油畫，名為「詩歌三女神」，創作者是法國畫家厄斯塔什·勒·絮爾（Eustache Le Sueur，1652-1655）。畫中描繪的三位繆斯女神：一個拿書，指記憶；一個傾聽，指沉思；還有一個拉琴，指歌唱。絮爾還有一幅描繪繆斯的畫，名為「克莉歐、厄特佩與塔莉亞」。畫中的三位繆斯女神分別是掌握歷史的克莉歐，她手裏是一本書；掌握音律及抒情詩的厄特佩，她的手裏是把長笛；掌握喜劇和田園詩的塔莉亞，她的手裏是一副面具。同時代還有一幅名畫，畫面上的繆斯手裏幾乎

都拿着一件樂器，好像一個室內樂團。那麼繆斯為甚麼會和技術有關呢？在古希臘人看來，藝術，包括音樂，就像數學和物理一樣，是對宇宙規律和秩序的描述。

法國哲學家飛利浦·拉庫-拉巴特（Philippe Lacoue-Labarthe）在他的《繆斯的歌唱》（*Le Chant des Muses*）探討音樂是甚麼，我們為甚麼需要音樂？音樂和哲學是甚麼關係？拉庫-拉巴特以華格納的音樂為例，研究音樂和哲學都在找尋答案的問題，這就是如何解釋柏拉圖所說的「哲學的最高形式的音樂」。柏拉圖認為，音樂和哲學都體現了「靈魂-羅格斯-和聲」（soul-logos-harmony）宇宙三大原則。希臘音樂之父畢達哥拉斯（Pythagoras，公元前 570－前 490）將音樂稱之為「哲學之魂」（the soul of philosophy）。畢達哥拉斯是最早提出音樂與數學的神秘關係的哲學家，他認為音樂的美，即和諧是理想的數學關係，也反映了宇宙的規律。這一理論對後人的影響可以從德國哲學家哥特佛萊德·萊布尼茲（Gottfried W. Leibniz）「音樂是靈魂無意識的數學運算」這句話中體現出來。這種抽象完美的論述賦予音樂形上乃至於本體的意義。畢達哥拉斯同時認為音樂表現人類的情感，正是在這個基礎上，柏拉圖與亞里士多德進一步提出不同的調式表現不同的層面的情感、意志和情緒，並將這種對音樂的看法運用於他們的音樂教育理論中。

音樂屬於抽象類型，它是不佔據時空的類型，而對該作品的演奏卻是具體的個案，如震動、和聲、調性、響

度，因而佔據了特定的時空。雖然傳統上有「模仿說」和「表現說」，但二者都不否認音樂本身的抽象特質。這個抽象特質體現在音樂的模仿或表現是在理念或情感還未形成「具象」之前。但問題是，我們如何創造抽象類型？根據形而上學的原則，身處時空中的人無法和非時空的或永恆的抽象事物發生因果關係（causal relations）。叔本華認為，音樂直接表現意志，直接表現情感，是情感自身的明晰的語言。

但從另一個角度看，音樂家和其他藝術家的經驗一樣，是與人的內在情感相關的。這個表現不但與創造相關，而且與聽者有關，聽者透過音樂聲音的變化，引發與創造者的共鳴。從這個意義上，我們可以把音樂看成一種語言，具有本體符號學（semiotics）的特徵。首先音樂的聲音具有符號（sign）的功能，其中包括能指（signifiers）和所指（signified）；然後是聲音通過大腦以及身心所體現的功能；從交流的層面看，它包涵了創作者、作品和接受者（聽眾）的互動關係。用「接受美學」的角度看，聽者的體驗更重要。聽音樂，就是聆聽來自心靈的訴說，洞察另一種認知的體驗，觸摸音樂哲思的奧妙。

拉庫‐拉巴特指出，華格納的「樂劇」帶出直接「表現」（presentation）和「再現」（representation）之間的張力，是音樂和語言、形式與內容完美結合的藝術。這種張力影響了後來法國的象徵派詩人，如夏爾‧波德萊爾（Charles P. Baudelaire）和斯特凡‧馬拉美（Stéphane

Mallarmé），以及德國的哲學家，如馬丁·海德格（Martin Heidegger）和西奧多·阿多諾（Theodor W. Adorno）。

中國古人認為，「樂處於人而還感人，猶如雨出於山而還於山，火出於木而還燔木。」（孔穎達：《樂言》）許慎的《說文解字》中言：「音，聲也。生於心，有節於外，謂之音。」與古希臘相比，中國文化更注重內心，或者說是一種「內模仿」或「表現說」。無論如何解說音樂的起源，我們知道的是，音樂無時無刻不在影響着我們的生活。音樂首先是要聽，我們可以把聆聽音樂當呼吸一樣的自然。至於聽懂或聽不懂、是否有所感受，這是另一個問題。在某種程度上，被打動了，就算是聽懂了。「I can feel it in my body; I can feel it in my soul」（「我的身體有所感覺；我的靈魂有所感覺」），這是我們在當代行流行歌曲中常聽到的句子。這是一個從「聽」到「感覺」的轉變。我們的生活因為有了音樂的存在，因為有了聽的感覺，而多了美好的點綴。

有趣的是，現代科技讓「音樂流」（music streaming）成為音樂自助餐，你在上面可以選擇你喜歡的音樂類型：古典、爵士、流行、鄉村、獨立等等，就像用自助餐時自選的方式一樣。各取所需，Bon Appetit！

食物
的
陰陽

中國傳統的陰陽說

我們常說，中國人的思維方式是陰陽思維。在《論道者：中國古代哲學論辯》（*Disputers of the Tao*）一書中，英國漢學家葛瑞漢（A. C. Graham）稱之「關聯性思維」（correlative thinking）或者「關聯性宇宙觀」（correlative cosmology）。其實，最早使用這個說法的是一位叫葛蘭言（Marcel Granet）法國漢學家。他在《中國人的思維》（*La pensée chinoise*）中 ，以「關聯性思維」說明中國人不同於西方的思維特徵，即具體的、非抽象的。但從中國的本體－宇宙論，詳盡對「關聯性思維」進行界定應該是葛瑞漢。他在中國歷史學家、儒學研究者徐復觀有關陰陽五行的歷史研究上做了進一步的探索，指出陰陽思想在古代中國有四個發展階段：（1）早期與自然（有光、無光）相關的陰陽思想；（2）與六氣相關的陰陽思想；（3）與哲思相關的兩儀思想；（4）關聯性宇宙觀。葛瑞漢認為關聯思維方式在其他文化中也有體現（如古希臘哲學），但表現得最為完美的是在中國的漢代。受葛瑞漢的影響，後來的學者，如做中西哲學比較的安樂哲（Roger Ames）把「關聯性思維」與美國實用主義哲學融合起來，構成他對儒家「角色倫理」（role ethics）的詮釋。

陰陽學說是中國哲學理論的核心之根，天地乾坤，天為陽、地為陰；火為陽、水為陰；日為陽、月為陰等。香港學者王愛和把思維的關聯性與中國人的宇宙觀結合在

一起。她在其《中國古代宇宙觀與政治文化》一書中指出：「中國的宇宙觀以關聯（correlative）為特徵……中國宇宙觀是一個基於陰陽、四方、五行、八卦等概念進行關聯構建的龐大體系。這樣一種關聯宇宙觀是一個有序的系統，在宇宙不同現實領域之間建立對應關係，將人類世界的各種範疇，比如人的身體、行為、道德、社會政治秩序和歷史變化，與宇宙的各類範疇，包括時間、空間、天體、季節轉換，以及自然現象關聯起來」。也就是說，中國的關聯性思維首先是從宇宙觀、自然觀到文化觀的體現。而陰陽觀又是這個龐大體系的重要一環。

陰陽是中國古代哲學的基本範疇。《周易·繫辭》曰：「易有太極，是生兩儀，兩儀生四象，四象生八卦。」「一陰一陽之謂道。」很多學者喜歡說，陰陽是中國傳統哲學的一種二元論觀念，但我喜歡把陰陽稱為「非二元之二元論」（non-dual dualism）。原因很簡單，因為陰陽式的二元不同於西方二元論的特性，即二元對立的關係。就宇宙觀而言，陰陽是互依互動、你中有我，我中有你的辯證關係。「陰陽互補」是萬物和諧相處的理想狀態。按照陰陽學說，世界是物質性的整體，宇宙間一切事物不僅其內部存在着陰陽的對立統一，而且其發生、發展和變化都是陰陽二氣對立統一的結果。中國古代思想家將宇宙上的對應關係，譬如天地、日月、晝夜、寒暑、牝牡、上下、左右、動靜、剛柔、刑德，以「陰陽」的概念進行表述，彰顯「相互對立又依存」的抽象意涵，並將其相互的作用稱

之為「氣」，如老子的《道德經》所言：「萬物負陰而抱陽，沖氣以為和。」也就是說，世間萬物，無論大小，都是陰、陽同時存在。（《道德經・四十二章》）這裏，「陰陽」是一對範疇，是對於對立面的總概括。在老子看來，一切事物都有其對立物，並進一步看到每一事物內部又有其對立方面的存在，即「陰陽者，一分為二也」。但是事物又是一個運動的整體，所以老子又說道：「沖氣以為和。」「和」意指平衡，又稱中和、中道。平衡思維的基本特徵是注重事物的均衡性、適度性。《易傳》中有「陰陽合德」、《莊子》中有「陰陽交通而成和」，都體現了這一觀點。

陰陽的關聯系統

漢代董仲舒的「陰陽儒家」，成為漢代儒家理論體系的突出代表。董仲舒的《春秋繁露》把儒學與陰陽五行（鄒衍）結合為一體，同時，將先秦的陰陽和五行融為一體，以宇宙論為價值論的基礎，構建出一套儒家的思想體系：從陰陽互動到天人感應、從宇宙意指到社會秩序、從自然秩序到三綱五常。董仲舒認為，陰陽二氣貫穿一切，天有陰陽，人亦有陰陽，故「天道之常，一陰一陽」。天、人、社會，皆以陰陽而存在，包括人倫綱常，如「君臣父子夫婦之義，皆取諸陰陽之道」。同樣，五行的運

行次序是天、人、社會普遍遵循的規律，金、木、水、火、土相生相勝，具有推動陰陽消長、食物轉化的功能。依照葛瑞漢的話來講，這就是一種「關聯系統的構建」（correlative system building）。但與老子道家中的陰陽關係有所不同的是，董仲舒的陰陽帶有明顯的從屬關係，即陽為主導而陰為從屬，即陽主陰從。

陰陽關聯性思維最基本的形式就是兩個相反概念的二元對偶，並影響漢語的表達形式。如大小、高低、遠近等等。當問一件東西的尺寸，我們可以說：「大小如何？」問距離，我們說：「遠近如何？」倘若我們把這種中式的表達法翻成英文，如「How big-small is it?」或者「How far-near is it?」我們會覺得很荒誕。這種二元對應的語言表達方式，是與中國式的陰陽文化架構相呼應的。南北朝著名的文藝理論家劉勰（465-540）在《文心雕龍》中提出：「造化賦形，肢體必雙，神理為用，事不孤立。夫心生文辭，運裁百慮，高下相須，自然成對。」劉勰認為，一切自然運行的事物都是以「雙」和「對」為基礎，而這種成雙成對正是觀念聯合之作用。由此，漢語中充滿了「青山綠水」、「春花秋月」、「春華秋實」這類的表達方

如果這世界的萬事萬物皆可以陰陽論，那麼食物也有陰陽之分。

法。陰陽對偶也表現在漢語的「平仄」對仗上。這種對仗方式一方面避免了漢字單音的局限，另一方面符合中國美學上的對稱要求。

李約瑟（Joseph Needham，1900-1995）在其巨著《中國科學技術史》（*Science and Civilization of China*）一書中，認為先秦兩漢陰陽家所代表的中國思維方式，是一種「關聯性的」（correlative）或「聯想性的」（associative）思維方式，與西方的「從屬性的」（subordinative）和「因果性的」（causal）思維方式有本質上的差異。他並認為古代中國的陰陽、五行的概念模式，將天和人理解為一個有機的整體，並以天地萬物與人之間有一種相互感應的關係，其間顯示為一種自然的秩序，乃是一種機體主義（organism）或自然主義（naturalism）。它的特點是整體性、關聯性和運動性。所以，中國的思維方式偏於 both … and 而非 either … or。像「陰陽」、「二元」、「過程」、「相輔相成」這樣的概念，已經是中國哲學中的基本概念。

陰陽思維中的互補觀念極為重要，主要指陰陽相互作用的功能和原則。值得注意的是，陰陽本身不是西方哲學中「實體」（essence）的概念，而是動態的，所以是「氣」或「氣化」的概念。由此產生關聯和聯想，而非完全的對立。傳統的太極陰陽圖也稱為「陰陽魚」，如果把中間的「S」線看作一條直線，那麼陰和陽就成為割裂、二元的實體。也就是出現了純粹的陰和純粹的陽。而在「陰陽魚」

中，一黑一白包含在一個圓內，黑的代表陰，白的代表陽，各佔有一半的空間。「S」線代表陰陽的運動，從陰陰到陰，再到陽，終至陽陽，反之亦然。圓象徵有機整體的宇宙。由此可見，陰和陽是互為條件，相互依賴、相互轉化。其中轉化的部分就是動態的「過程」，亦是老子所說的「沖氣以為和」的過程，也就是「道」。所以，美國學者喬治·羅利（George Rowley）在解釋中國傳統思想與藝術時指出：「道的實存居住於對立面的融合中。」（George Rowley: *Principles of Chinese Painting*）

食物的陰陽和合

我們有時會聽到這樣的說法：我最近上火了，不能吃太多帶陽氣的食物。「上火」這個詞在中醫系統中是指「熱氣」。按照中醫理論，陰陽失衡，內火旺盛，即引發上火。熱氣過旺的人，在飲食上就要避免吃熱氣的食物，如小茴香、韭菜、胡椒、辣椒等，反之亦然。這就是所謂的「陰病則陽治，陽病則陰治」，即陰陽互補的關聯作用。

如果這世界的萬事萬物皆可以陰陽論，那麼食物也有陰陽之分。中國人喜歡說：烹調的作用就是調和陰陽。按照祖先留下的傳統，食物的陰陽有時用「寒涼性」與「溫熱性」來表達，有的食物呈陽性，有的食物呈陰性。如果細分，還可以把食物分為寒、涼、平、溫、熱五型。食

物的陰陽性與食物生長的環境有關，即生長在地面或陽光充足的地方多偏陽；生長在地下或暗處陽光不足的地方多偏陰。陰性食物具有滋陰、降火、清熱、通便等沉降、收斂作用；陽性食物具有升陽、提神、發汗、散寒等升發作用。受到傳統中醫的影響，養生理論中出現食物「藥物化」和藥物「食物化」的傾向。所謂生薑暖身、去風寒；芹菜能健胃、降血壓；冬瓜可利水消腫、有助減肥；雪耳潤燥；蘋果生津等等。由於中醫認為人的體質分陰陽，根據「陽主熱，陰主寒」的原則，陽性食材具有升陽、提神、發汗、散寒等升發作用；而陰性食材會讓身體變寒，多為顏色淡、白色、水分多、酸味強者或夏季食材。由此，攝取合適的食物，可以獲得健康的身體。如陽性體質者，應多吃陰性食物；而陰性體質者，就要多攝取陽性食物。由此，民間有「陰陽食療法」以及「陰陽食物養生療病食譜」這類的說法。中醫認為，「陰陽互根」、「陰陽調和」是健康飲食的根本。這種陰陽思想當然無法借用現代科學的理論來解釋，只能說是中國人的一種信仰。正如葛蘭言所說，陰陽理論在思維上是直覺感應式的，而非理性邏輯式的。從古至今，陰陽思維畢竟已經滲透到中國思想和文化的各個方面。

其實，「陰陽調和」也是中國人的一種人生態度，即「中庸」之道。「中庸」側重一個「度」，因「過猶不及」，故講究平衡，不走極端。就飲食而言，既不過於沉迷於美食的愉悅，甚至暴飲暴食，也不鼓吹苦行僧般地拒絕所有

感官樂趣。所謂精緻美味，不是「過」而是「精」。至於如何找到合適的「度」，不完全取決於理性的算計，而是經驗的直覺。朱熹言：「不偏之謂中，不易之謂庸。」西方的營養學多靠數據分析，是研究成分、運輸、消化、代謝等食物營養素在體內作用的一門學科，而中國傳統的陰陽調和是關於「度」的直覺。

此外陰陽不但表現在食物中，也與製作食物的器皿有關。如傳統的陶罐，被看作水（陰）與火（陽）的對立與調和。遠古時期，人們所使用的「甑」和「鬲」皆為蒸煮食物的陶罐。其中的原理就是利用水與火的陰陽調和，為後來更為成熟的「蒸」、「煮」、「熬」、「燉」、「煲」等手法打下了基礎。另外，中國的烹飪講究「火候」，而這種對火的把握也是陰陽互換的技巧。所謂「火候」，原本來自道教中的內丹，在菜餚烹調過程中，意指所用的火力大小和時間長短。與火相應就是水的多寡，二者調和，起到陰陽二氣的消長的作用。袁枚在《隨園食單》中強調：「熟物之法，最重火候。」根據食材的不同，使用文火、文武火，或武火。文火慢煮，武火急煮。陽氣上升時使用文火；陰氣上升時使用武火。像燉、燴、燜等就需要文火，而炒、爆、炸、熘等就需要武火。

陰陽五行的信仰也體現在食物的「相生相剋」。譬如，豆腐忌蜂蜜、羊肉忌田螺、芹菜忌兔肉、鵝肉忌鴨梨等，即這些食物一起食用會危害身體健康。如果你在網絡上查找有關信息，五花八門的食物相生相剋文章讓人應接

不暇。顯然，有些說法完全沒有科學基礎，如豆腐和蜂蜜同食會導致耳聾，洋蔥和蜂蜜同食會導致眼瞎，芹菜與兔肉同食，那會引起脫髮等。其理論基礎還是陰陽中的所謂「寒寒相剋」、「火火相殺」的說法。相反，「相生」的食物搭配在一起，會起到營養互補、相輔相成的作用。如白菜配魚、花生配芹菜、香菜配羊肉、豆腐配金針菇。這裏所說的「相生」不僅僅指味道的相容，而且是營養成分的互補。這些說法很多是與傳統中醫食療有關，譬如，東漢醫學家張仲景在《金匱要略》一書中，已經列舉了很多所謂不能一起吃的食物。但在西方現代營養學中，我們卻看不到類似「食物相剋」這一概念。以西方營養學分析，食物是以其所含的蛋白質、卡路里、碳水化合物、維他命等來評估營養價值。而中醫注重食物的性能，像「食性」、「食氣」、「食味」這樣的說法，與中藥性能相似。所以說，食物的「相生相剋」帶有典型的中國思維基因的痕跡，食物的二元對偶反映中國傳統的宇宙觀和世界觀，雖然這種觀念與現代人的科學思維有一定的衝突。

記得曾讀過一篇有趣的小文章，題為〈食物也要有性生活〉，不是指「催情食物」或「吃出來的性福」，而是談食物的陰陽調和。「陰主靜，陽主動」，那麼食材的靜與動就會影響食物的屬性。食養生活，是中國人篤信的養生法。

你的健康是吃出來的──這是中國人的信仰，其背後是「天人合一」的本體宇宙觀。

豆腐
的
「軟實力」

......

豆腐的分類與吃法

我有一位美國德州的老友，非常喜歡我燒的中國菜。但有一樣食物她只嚐過一次，就堅決不再敢碰了。這一食物並非海參、皮蛋、鳳凰爪、豬大腸這類讓很多美國人望而卻步的傳統中國食物，而是東方菜系中常見的豆腐。我問她不喜歡的原因是甚麼？沒有味道嗎？朋友回答道：不能忍受的不是味道，是質感（texture）。這是我第一次聽說有人不喜歡豆腐的質感。東方人都喜歡豆腐，就是衝着它的質感去的，尤其是嫩豆腐，質地柔軟，口感嫩滑。多好呀！

有一種說法是，有中國人的地方，便有千變萬化的豆腐。在香港的超市裏，豆腐種類五花八門，包括本地及臺灣製造的中國豆腐（北京人分北豆腐和南豆腐），以及日本進口的豆腐。港、日、臺製作的豆腐過程大致相同，惟質感及嫩滑度，則視乎種類而定，像嫩豆腐（所謂的嫩豆腐就是北方人所說的南豆腐）以及日本製的內酯豆腐或絹豆腐，細膩潔白，口感爽嫩。相比之下，北豆腐就顯得粗糙厚實，不夠細膩。傳統的北豆腐也稱「鹵水豆腐」，即用鹵水作凝固劑。而南豆腐是用石膏作凝固劑，所以南豆腐也稱「石膏豆腐」。內酯豆腐（日本人稱「絹豆腐」）則採用葡萄糖酸內酯作凝固劑，比鹵水和石膏作凝固劑的過程要長，因此可以讓豆漿超高溫消毒，這樣做出的豆腐保存期會加長。除了絹豆腐，日本豆腐還可分充填絹豆腐

和木棉豆腐。絹豆腐生產時，則需較濃郁的豆漿，所以質地柔軟嫩滑。至於充填絹豆腐，除嫩滑口感外，亦非常衛生，因為它在密封包裝內固化，熱凝固技術減少活細菌存在。木棉豆腐是用有棉布的模具壓製形成，所以可以看到模具的痕跡，其質感要比絹豆腐粗糙結實。另外，現在的豆腐加工，還可以使用混合的凝固劑，如此一來，豆腐的分類會更為複雜。

如果說豆腐的分類複雜，豆腐的吃法更是豐富多彩，從蒸、鹵、紅燒，到煎、炸。光蒸豆腐的食譜就上百。當然，一般來講，豆腐都是配角，主角可以說魚蝦、螃蟹、肉類等。我最喜歡的是蟹黃豆腐，無論是北京味的還是杭州味的。還有四川的「麻婆豆腐」，是一道永遠不會吃膩的佳餚。北方豆腐質地厚實，更適合做紅燒或煎炸。紅燒豆腐是普通家庭日常的菜餚，可以單獨燒，也可以與其他食材合着燒。魯菜中有一道菜，叫「鍋塌豆腐」，可以用魚肉也可以用豬肉。豆腐則切成長方塊，裹以雞蛋汁，再裹上一層芡粉，入油鍋炸，直到兩面焦黃。至於豆腐湯，我在日本吃過蜆肉豆腐味噌湯，味道很鮮美。對日本人來說，味噌湯是餐桌上不可缺少的料理，普通的味噌湯就是放入豆腐和昆布，或其他的蔬菜。豆腐還有一種最簡單的吃法，涼拌豆腐。用塊嫩豆腐，沖洗乾淨，加上一些蔥花，撒些鹽，再放少許的麻油。北方人還喜好吃豆腐拌黃瓜或苦瓜，基本上是涼拌豆腐的方法。北京人的火鍋會用北豆腐（即老豆腐）做的凍豆腐，加上白菜或酸菜，是冬

天常見的食物。汪曾祺在《端午的鴨蛋》中曾寫過一道「硃砂豆腐」，是用江蘇高郵鹹鴨蛋黃炒出來的豆腐佳餚，有如豆沙，味極鮮香。香港人的做法是用豬肉、鯪魚肉、蛋白攪拌在一起，放入豆腐蒸熟，再撒上蔥花、香菜，淋上滾油，別有一番滋味。

袁枚的《隨園食單》中有一菜單叫「王太守八寶豆腐」，其中寫道：「用嫩片切粉碎，加香蕈屑、蘑菇屑、松子仁屑、瓜子仁屑、雞屑、火腿屑，同入濃雞汁中，炒滾起鍋。用腐腦亦可。用瓢不用箸。孟亭太守云：『此聖祖賜徐健庵尚書方也。尚書取方時，御膳房費一千兩。』太守之祖樓村先生為尚書門生，故得之。」這裏說的王太守八寶豆腐是杭州的名菜，據說原是康熙的宮廷名菜，後在民間開始流傳。

和豆腐相關還有北方的豆腐腦（鹹口），南方的豆花（甜口）。豆花是由黃豆漿絮凝後形成口感近似於果凍或布丁狀食品的統稱，質地上比豆腐還要嫩軟，是一種常見的小吃。豆花配上紅糖或黑糖水，還可以撒上幾片豆瓣和花生。在香港常見到的是「木桶豆腐花」。豆腐花需要一定的恆溫，所以一般豆品店舖用的木桶都是為店家量身定製的。配料可以說紅豆沙、芒果、龍眼等等。我最喜歡的是簡單的杏仁豆花。另外，還有豆漿，又稱豆腐漿或豆奶，是中國傳統的飲品。《金華地方風俗志》記載戰國時燕國大將樂毅，因父母年老嚼不動黃豆，就把黃豆磨成豆漿的傳說故事。

由豆腐發酵製作的各種腐乳也是人們喜愛的食品，如醬腐乳、糟腐乳。既可以直接食用，亦可以作為燒菜的調味料，譬如香港粵菜中就有不少是用腐乳為調料的，像「南乳排骨」、「椒絲腐乳炒通菜」、「南乳花生」。腐乳的製作是一門古老的技術。清朝李化楠在《醒園錄》一書中記載：「豆腐乳法（醃製腐乳）：將豆腐切成方塊，用鹽醃三、四天，出曬兩天，置蒸籠內蒸到極熟，出曬一天，和麵醬，下酒少許，蓋密曬之或加小茴末和曬更佳。」

　　說到豆腐乳，怎麼能不提中華傳統小吃臭豆腐呢？

　　臭豆腐，顧名思義，就是一個「臭」字，翻成英文是「stinky tofu」。「臭豆腐」是由豆腐發酵製作而來的特色的豆製品小吃，因製作的方法不同，各地的風味差異也大，大致可以分為南北兩派。如湖南的「臭乾子」呈黑色，經過高溫油炸，外酥裏嫩，再配上鮮辣的湯汁。天津的臭豆腐炸成金黃色，臭味比較淡，可以切成薄片，稱為臭豆腐乾。北京有王致和臭豆腐乳，不油炸，呈灰白色。香港也有港式臭豆腐，吃的時候要加甜醬。網絡上流傳一位自稱「孤獨烈女」的賣港式臭豆腐的女師傅。據說她的臭豆腐是秘方，獨門醃製。臺灣的臭豆腐綜合了內地的南北風格，有湯煮臭豆腐和炸臭豆腐兩類，炸臭豆腐搭配着酸甜的臺式泡菜，是臺北夜市著名的街邊小吃。另外，臺灣還有臭豆腐火鍋，俗稱「臭臭鍋」。據說臺灣的必勝客（Pizza Hut）推出一款「黃金臭豆腐披薩」，估計那味道鄰居都會聞到。還有一種豆腐比「臭豆腐」還要邪乎，叫

「毛豆腐」，這種豆腐以人工發酵的方法，讓豆腐表層長出一層白色茸毛。發酵後的豆腐的植物蛋白轉化成多種氨基酸，使得豆腐獲得獨特的鮮美。毛豆腐是徽菜和川菜常見的食物，食用方法多樣，如紅燒毛豆腐，調料有辣椒、醬油、蔥末、蒜泥、茴香等。問吃過毛豆腐食客的感受，就一個字：爽！

另外，還有以豆皮、豆乾、豆絲為食材的佳餚。其中杭州炸響鈴最有名。在豆皮裏放拌了蔥花薑末的瘦肉，再剁成小段放入鍋中煎炸，配一點自己喜歡的醬料，咬一口酥脆得掉渣。因為這菜嚼起來發脆響，形略似鈴，故名響鈴。在香港打邊爐時，響鈴也是常見的配食。當然，也會有人建議少吃響鈴，畢竟是不健康的油炸食品。相比之下，素餡的蒸豆皮更受當下年輕人的歡迎。揚州的「乾絲」，也是南北人都喜歡的食物。再有，就是我在香港常見到的豆腐焗飯。把豆腐當成 cheese（奶酪），我本以為這是香港中西合璧的結果。後來發現古人就有「黎祁」或「來其」這樣名稱（可能是印度或西域系統的語言）是指奶酪、凍奶食品，後來也變成豆腐的別名。譬如：《清異錄》提到「邑人呼豆腐為少宰羊」，或許是因為豆腐便宜，成為肉類的代用品。（林海音：〈豆腐頌〉）

香港名廚劉韻棋（Vicky）對豆製食品情有獨鍾，她的「腐皮牛肉他他」體現獨有的混搭美食的品味，其中北海道的海膽及魚子醬的使用深受日式料理的影響。Vicky的另一個絕活是豬皮凍豆腐，味道柔軟鮮美，視覺效果獨

淡中知真味——這正是豆腐的品格。

特。Vicky 是設計師出身，曾就職於廣告界，後來由於對美食的偏愛轉入飲食行業，並在 2013 年摘下米其林星的殊榮。她所設計的豆腐食物，能夠將傳統食材注入新的美學品味，又保持豆腐原有的營養成分。Vicky 堅持認為，美食不只是食物，同時包含「edible stories」（可使用的故事）。無疑，Vicky 的豆腐食品，成為香港獨有的一道風景線。

豆腐：文人詠物言志的對象

由於豆腐是中國傳統的美食，自然會影響到中華文化的方方面面。宋代大詩人，也是大吃貨的蘇東坡有首《蜜酒歌》，其中寫道：「脯青苔，炙青莆，爛蒸鵝鴨乃匏壺，煮豆作乳脂為酥。高燒油燭斟蜜酒。」詩中提到的酥即豆腐。元代詩人張劭有一首直接成為《豆腐詩》的作品：「漉珠磨雪濕霏霏，煉作瓊漿起素衣。出匣寧愁方璧碎，憂羹常見白雲飛。蔬盤慣雜同羊酪，象箸難挑比髓肥。卻笑北平思食乳，霜刀不切粉酥歸。」詩中既描述了豆腐的製作，也讚揚了豆腐的美味。明代詩人蘇平的《詠豆腐詩》也有特色：「傳得淮南術最佳，皮膚退盡見精華。旋轉磨上流瓊漿，煮月鐺中滾雪花。瓦罐浸來有蟾影，金刀剖破玉無瑕。箇中滋味誰得知，多在僧家志道家。」詩人在詩中具體描述了製作豆腐過程中的去皮、磨漿、煮漿、點漿

和切割的五道工序。而宋代大儒朱熹的《豆腐詩》詩與眾不同，沒有寫豆腐的製作或美味，而是寫種豆人的辛苦和他們的期盼：「種豆豆苗稀，力竭心已苦。早知淮南術，安得獲帛布。」

值得提及的是，豆腐不僅是美味佳餚，而且常常是文人詠物言志的對象。如清代詩人胡濟蒼寫道：「信知磨礪出精神，宵旰勤勞泄我真。最是清廉方正客，一生知己屬貧人。」這裏，詩人表面上寫豆腐的色香味，但實際上是把豆腐比做方正清廉的寒士精神，即由磨礪而出，不流於世俗。在傳統文人眼裏，豆腐有君子之風。平日為人處世，淡泊以明志，寧靜而致遠。正如《菜根譚》一書所言：「淡中知真味，常裏識英奇；膿肥辛甘非真味，真味只是淡，神奇卓異非至人，至人只是常。」淡中知真味——這正是豆腐的品格。在某種程度，類似老子道家所說的「上善若水」的人生哲學。豆腐本身沒有太強烈的味道（臭豆腐除外），它容易與其他食材的味道融合，從中彰顯自身潛在的香味。所以豆腐不光滋味百種，形態亦是千變萬化。「道之出口，淡乎其無味，視之不足見，聽之不足聞，用之不足既。」（《老子·三十五章》）《莊子·德充符》曰：「道與之貌，天與之形，無以好惡內傷其身……存其心，養其性。」超然達觀，方能怡然自身。

豆腐色淡味寡，所以它的另一個意涵是「示弱的勇氣」，英文譯為「yielding」的哲學。所謂「yielding」就是「不搶風頭」、「不為天下先」。當人們崇尚「強大」之

時，老子告訴我們「堅強者死之徒，柔弱者生之徒。」（《老子‧七十六章》）人活的時候柔軟，死後就僵硬了。真正的強者，不以示弱為恥。柔軟的身段往往能造就一個人真正的強韌。真正的強者，其思維柔軟，從不自我設限，也不墨守成規，能以虛懷若谷的胸懷待人接物，擁有順應各種變化的人生姿態。他們不被世俗追求所誘惑，只在乎活出真我，活出人的從容、淡定和美好詩意。這不就是豆腐的品格嗎？能同所有事物相配的豆腐，卻始終自帶着一份清白。臺灣作家林海音將豆腐比作孫大聖：七十二變，卻傲然保持着本體。「豆腐可和各種鮮艷的顏色，奇異的香味相配合，能使櫻桃更紅，木耳更黑，菠菜更綠。」（林海音：〈豆腐頌〉）

《莊子‧馬蹄》一篇中提到「鼓腹而遊」一詞，「鼓腹」即吃飽肚子。這裏，莊子在描述一種樸素富足、自由快樂的生存狀態。道家提倡恬淡虛靜的生活，而不是大吃大喝的奢侈。故莊子主張人應該「食於苟簡之田」（《莊子‧天運》），認為「五味濁口，使口厲爽」（《莊子‧天地》）。莊子反對一個統一的「美味」的標準，認為只要人們自甘其食、自樂其俗即可。在這一點上，莊子的觀點與老子接近。據說編寫《淮南子》的劉安，當時就是一邊研究老莊哲學，一邊與道士們用山泉水磨黃豆，製作出「菽乳」。

「豆腐匠」導演小津安二郎

　　曾拍攝過《東京物語》的日本知名導演小津安二郎
（Yasujiro Ozu）寫過一本自傳隨筆集，名為《豆腐匠的哲
學》，又譯《我是賣豆腐的，所以我只做豆腐》（《僕はト
ウフ屋だからトウフしか作らない》）。小津安二郎電影
風格獨特，其細膩的表現手法被稱為「小津調」。臺灣知
名導演如楊德昌、侯孝賢、李安都受到他的影響。小津諧
稱自己是電影「豆腐匠」，認為做電影就像做豆腐，需要
細緻與耐性的工藝。書中表現了作者許多有趣的思考，從
導演、攝影到劇本創作皆體現了小津的藝術風格。每一個
程序好似做豆腐的工序，井井有條。小津的電影作品，看
似平淡，卻清新抒情、暗藏玄機。小津認為，好的電影
「不做說明，只是表現」。他指出，我們沒有必要去模仿
某種外來的、時髦的拍攝手法，也沒有必要固執地恪守過
去的陳規戒律。他強調電影最重要的因素是「餘味」，如
同豆腐一樣，好像沒有出色的味道，但平淡中卻是其味無
窮。這就是我們常說的「絢爛之極，歸於平淡」。難怪德
國當代電影大師、新浪潮的代表人物恩斯特·「溫」·韋
德斯（Ernst "Wim" Wenders）曾經說：「我把小津當作是
我一生中最重要的老師」；「如果我來定義何謂發明電影，
我會這樣回答：是為了產生一部小津電影這樣的作品。」

　　小津安二郎對食物的興趣，充分體現在他的影片的細
節中，譬如秋刀魚、鰻魚、拉麵、炸豬扒、鮭魚肉片、茶

泡飯等等。這些食物與享用食物的食客，是詮釋小津電影哲學主要的一部分。小津的最後的一部電影，是 1962 年的《秋刀魚之味》。這部遺作是有關傷感的家庭倫理主題。影片流露出一種對生命流逝、人生寂寞的感嘆：道子在母親去世之後，一直在家悉心照料父親平山，從未表達過嫁人的願望。而父親似乎也不希望女兒離開自己，所以每當有人替道子介紹對象，平山總是婉拒。一日，平山與中學同學聚會，偶遇自己老師的女兒，看到曾經青春靚麗的女孩，如今已是衰老憔悴。他心裏一驚，想到了自己的女兒，意識到不能不再考慮道子的婚姻大事了。看似雲淡風輕的鏡頭轉換，卻是波濤暗湧，滿載着人物之間矛盾糾纏的情愫。女兒出嫁的當晚，平山獨自去酒吧喝酒，老闆娘見他身着正裝，問道：「今天從哪裏回來的，是葬禮嗎？」平山沉默片刻，答道：「嗯，也可以這麼說。」影片平靜如流水般的鏡頭，卻細膩地體現了父女二人各自憂鬱的心理和孤獨的心態。特別是老父親平山身上，人生的寂寞和無奈更是表現得淋漓盡致。隨着影片最後一個鏡頭的淡出，我們會默默地在心裏說：時光流逝、四季輪迴，生活還是原來的樣子。

有意思的是，片名是秋刀魚的故事，影片中不乏各種吃飯的場景，卻唯獨沒有出現「秋刀魚」。顯然，導演不是講述秋刀魚本身，而是傳達秋刀魚所帶來的意象——平平淡淡、無味之謂。影片中各種精心烹製的食物，反映出家常菜的素樸，亦是人倫關係的折射。所有的人生愁

緒，都隱沒在那些豐盛卻又不清晰的食物中。有學者指出，小津電影中的餐桌是影像的身體，「餐桌與飲食，帶出的是聽覺性的符號、是決定吃與不吃、共食與不共食，帶出的是事件延展出其內部與外部的影像場所。」（蓮實重彥：《導演小津安二郎》）電影中人物對話，內容大都是家長里短的閒談，沒有導演刻意的追求哲理。另外，影片中多次出現酒吧飲酒的場面。當《秋刀魚之味》在巴黎上演時，法語的名字變成 Le Gout du Sake（《清酒之道》）。仔細琢磨，秋刀魚的意象不同於清酒的意象。這或許是東方文化與西方文化的差異吧？

曾經有人問小津是否拍些不同風格的影片，他說自己是開豆腐店的。小津進一步風趣地說：「做豆腐的人去做咖喱飯或炸豬扒，不可能好吃。」做豆腐，這是小津安二郎最本真的東西。他的作品，就是用最好的黃豆和最好的水做成的最簡單、最純粹的一塊好豆腐。不可思議的趣味，正是日常生活中的平凡；被沖淡的溫情，才是人生真實的滋味。內地著名導演賈樟柯這樣評價他所崇拜的這位日本導演：「小津給他的電影方法以嚴格的自我限定，一種極簡的模式。他絕不變化，堅定地重複着自己的主題和電影方法。這形成了小津電影的外觀，成為人類學意義上的寫作，成為日本民族的記憶，成為日本文化重要的組成部分。而他的克制、在形式上的自我限定卻也是大多數東方人的生活態度，於是有了小津電影之美，有了東方電影之美。」（賈樟柯：《中國藝術批評》）電影作為一種生活

態度的體現，呈現在觀眾面前的是食物、事件、人物以及與這些相關視覺影像。「神酣，布被窩中，得天地沖和之氣；味足，藜羹飯後，識人生淡泊之真。」（《菜根譚》）

順帶提一下，日本人稱涼拌豆腐為「冷奴」（ひややっこ）。這個詞好奇怪，我們漢語裏並沒有這一表達法。顧名思義，「奴」是指奴婢、奴僕，是身份卑微之人。難道這裏在指明豆腐為窮人之食物的階級屬性嗎？其實不然。豆腐在唐代進入日本，立刻成為寺院內的「精進料理」，也是上流社會的精緻美食。經過一段時期的演變，豆腐才流行於民間。據說江戶時期，為武士階層打工的人要身着特製的短上衣，上面有「釘拔紋」的圖案，與切成四方塊的豆腐相似，故有了「冷奴」的說法。梁文道認為，雖然中日都有豐富的豆腐傳統，但日本人對待豆腐的態度好像也比中國人來得嚴肅，日本人豆腐吃得也比中國人精緻。這表現了日本人在「淡」的味覺的美學追求上要比中國人優越。（梁文道：〈豆腐的美學〉）如果我們以小津安二郎為例，梁文道的觀察是有一定道理的。

茶泡飯配燒豆腐，這便是小津安二郎的最愛，也是他電影美學的符碼。小津安二郎 60 歲那年病逝於東京。他的墓碑上只留下一個字：無。

空無的侘寂，空無幽玄——這是小津安二郎的美學，也是有關豆腐的美學。

「饞」：
貪吃的
負罪感

......

「饞」與「貪吃」

貪吃是一種罪嗎？法國飲食史學者弗羅杭‧柯立葉（Florent Quellier）的《饞：貪吃的歷史》試圖回答這個問題。作者在帶着讀者遊走一場華麗的美食之旅的同時，講述西方歷史上對「饞」的批判。從早期希臘的柏拉圖到猶太人的聖經，再到中世紀的羅馬天主教的「七宗罪」（拉丁文 *septem peccata mortalia*），「饞」屬於感官之惡的範疇。「貪吃」（gluttony）一詞從拉丁文 gula 轉化而來，有「暴食」之意。顯然，七宗罪的「貪吃」和漢字的「饞」意思還是有所不同。

梁實秋寫過一篇雜文，題目就是〈饞〉。作者在開篇就指出，在英文中找不到與中文「饞」相對應的字眼。西方史書上記載了羅馬暴君尼祿，還有英國的亨利八世，在宴席上毫無顧忌地咀嚼一根根又粗又壯的雞腿。看似一副咂嘴舔唇、饕餮之徒之相，但這不是「饞」的意思。還有，埃及廢王法魯克，每天早餐一口氣要吃二十個荷包蛋，這是暴食症，不是「饞」。梁實秋認為，「饞」的意思重在食物的質，滿足的是品味。「上天生人，在他嘴裏安放一條舌，舌上還有無數的味蕾，叫人焉得不饞？饞，基於生理的要求；也可以發展成為近於藝術的趣味。」由此一來，如果把「饞」字翻譯英文，說成「gluttonous」、「greedy」、「ravenous」或「lecherous」肯定不行。

「饞」的确有「貪吃」之意。但中文中的「貪吃」是

個中性詞。「饞」字从食（也有从口的寫法），毚聲。字中有一個兔字。兔子善於奔跑，以示人為了口腹之慾，不惜多方奔走，跑斷兩條腿。「為了吃，絕不懶」。和「饞」字相關的古詩也不少。如宋代詩歌中就有：「解持餘酒歲，一飫逐臣饞」（宋・賀鑄《和邠老郎官湖懷古五首》）；「牛岡自有神呵护，未怕林間走鹿饞」（宋・袁燮《小松二首》）；「獨嗜君詩無厭歝，從教人笑我多饞」（宋・吳芾《和梁次張謝得酒見寄四首》）。

梁實秋認為，「饞」的感覺往往是想吃一樣東西，但卻吃不到的時候。如古希臘神話中宙斯的兒子坦塔洛斯（Tantalus），因「饞」而偷竊神的酒食。神話中還有這樣一段描寫：坦塔洛斯站在沒有頸的水池裏，當他口渴想喝水時，水就退去，他的頭上有果樹，肚子餓想吃果子時，卻夠不着果子。所以梁實秋說坦塔洛斯的境遇是「水深及顎而不得飲，果實當前而不得食」。梁先生也談到自身「饞」的經驗，如他身處他鄉之時，卻痴想着當年在北平吃羊頭肉的味道，想得饞涎欲垂。「今天我一定要吃到甚麼東西」來補救一下，這是一種生理的反應。就像我自己，每當看到上海鮮肉月餅的圖片，就會產生「饞」的感覺，恨不得明天就飛到上海。顯然，「饞」的感覺完全不是飢餓或食物匱乏的感覺，而是一種心理的慾望。然而，當這種慾望成為自我放縱時，就可能成為一種不能自我克制的「癮」。

對食物的慾望：心理學的分析

精神分析大師弗洛伊德（Sigmund Freud）沉湎於對性慾望的分析，卻沒有細緻地分析饞的感覺，只是把這種感覺放在他認為的「口慾期」（oral stage）。按照弗洛伊德的說法，口慾期是指 0 到 18 個月的嬰兒期。剛出生的嬰兒，他們既不是用眼睛、也不是用耳朵來感知這個世界，他們和世界的窗口是自己的嘴巴，即拇指吸吮或咀嚼的感覺。然後又把這種行為與嬰兒後來發展的性慾望結合起來。反正在弗洛伊德看來，任何人的潛意識都與性有關，而且都是基於他所說的內向投射的「快樂原則」。由此來看，難道成年人的饞嘴是口慾期的延伸，是性的需求？這豈不是把食慾與性慾混為一談了？我以為，把人格的發展簡約為性心理的發展（psychosexual development），還是很難具有說服力的。或許這裏有性別的差異，畢竟弗洛伊德的精神分析以男性為主。有一個心理實驗這樣顯示：問女性是選擇性還是巧克力，大多女性的回答是巧克力。

不過，弗洛伊德的觀點還是有不少的追隨者。美國專欄作家黛安・艾克曼在《感官之旅》中曾這樣寫道：「嘴唇、舌頭、與生殖器內部都是相同的神經感受器，稱作克勞澤氏終球（the end bulbs of Krause），這些器官超級敏感，而產生相同的反應。」有一位叫二毛的詩人，曾寫過系列口語詩，反映舌頭是人體的第二性器官：「有一種吻

很肥／有一種吻很瘦／有一種吻像五花肉。」（二毛：《葷菜素吻》）還有一首這樣寫道：「牛舌／牛身上最接近味道的動詞／鹵過之後／成為形容詞／在鹹與甜之間／呈舔的狀態。」（二毛：《牛舌》）。如此性感的詩，值得品味。作為感覺系統的一部分，舌頭是味覺的感受器，由此成為貪吃的主謀。

這也就解釋了為甚麼歐洲中世紀的天主教把貪吃看成罪惡，和傲慢、貪婪、色慾、嫉妒等罪行放在一起。關鍵還是貪吃與身體的慾望有關。康德說：宗教的意義在於樹立道德。由此推論，貪吃屬於不道德的行為，因為它意味着缺乏自控。康德認為，人的自由最高境界不是自由地去做甚麼，而是自由地不做甚麼。那麼「貪吃」，就意味着不能自由地不受美食的誘惑。西方中世紀是信仰的時代，也是希臘哲學衰敗的時代。公元 2 世紀，著名羅馬的諷刺作家琉善（Lucian，120-180）曾經這樣奚落晚期希臘的哲學家：「他們懶散、好辯、自負、易怒、貪吃、愚蠢、狂妄自大、目空一切。」你看，連說哲學家的墮落，都要與貪吃聯繫起來。順帶提一句，周作人是漢譯琉善作品的第一人，特別是那部遊歷月球的奇幻短篇《信史》（*True Story*）。可見在琉善眼裏，冥界旅行要比享用美食更吸引人。

從中世紀的貪饞罪到現代人的詮釋

在中世紀的神學家中，除了奧古斯丁（Augustine of Hippo，354-430）之外，都認為貪吃是人類原罪（original sin）的一部分，畢竟夏娃是偷吃禁果啊。米蘭主教安波羅修教父（Sanctus Ambrosius，340-397）在他的創世史中這樣寫道：「一旦引進食物，世界的末日就開始了。」人類因為貪饞而被上帝驅逐出伊甸園，而人類「原本在天堂裏過得好端端的」。他在一首讚美詩中寫道：「解脫我們對所有肉慾的渴求，讓我們的心在你裏面歇息！／也不使貪婪的惡魔安排陷阱，使我們的安寧沒有罪戾的恐懼。」13 世紀一位傳教士蕭伯漢（Thomas de Chobham）指出「貪饞是一種可惡的罪過，因為第一個人類的墮落是由於犯了貪饞罪。其實就像許多人說的，雖然首罪是驕傲罪，但是如果沒有亞當再犯下貪饞罪，他鐵定不會被懲罰，其他人類也不會受牽連。」另一位名為卡西安的修士（Jean Cassien）更富於想像力。他說：「在人體器官的位置上，生殖器官位於腹部下方，這也是為甚麼腹部塞滿了太多食物時，生殖器會開始興致勃勃。」（柯立葉：《饞：貪吃的歷史》）把食慾和性慾放在一起，顯示身體的罪惡，這是中世紀神學的主要特色。難怪西洋繪畫中的夏娃，手捧渾圓的蘋果，令人想到女性裸露的乳房。

作為中世紀具有影響力的神學家，奧古斯丁一直考慮人的罪與自由意志的關係。他認為，人之所以「犯罪」是

因為上帝賦予每個人自由的意志。人不能因為酗酒而責怪葡萄酒，不能貪色而責怪女性的美，不能因為貪吃而責怪美食。奧古斯丁認為，一切惡行都來源於自由意志。也就是說，自由意志給了我們犯罪的能力。奧古斯丁的自由意志並不否認人對食色的基本要求，但他強調人的意志對慾望的控制力。奧古斯丁的《懺悔錄》，展示了幼童對食物的貪戀，說明小孩子尚處於道德不完善的狀態。盧梭在其《懺悔錄》中，也直白地講：「我曾經很聒噪、貪饞，不時也會撒謊。」柯立葉在他的書中提到，16世紀的西班牙，道德學家們常說，大量食物的吸取，會讓幼童們軟弱無力，並導致他們長大以後淫蕩好色，所以告誡人們不要讓小孩子（尤其是女孩）吃得太飽。（柯立葉：《饞：貪吃的歷史》）

講到「貪吃」之罪，令我想到一部被稱之為「女性主義文學」的臺灣著名小說《殺夫》。作者李昂是一位將情性、愛慾融入文學敘事的女作家。食物在整部小說中隱含情慾、性、暴力。女主角林市是位平庸無知的女子，完全受制於其屠夫丈夫陳江水的淫威，最終被迫無奈，在瘋狂之中殺死了丈夫。林市「貪吃」，「滿滿一嘴的嚼吃豬肉，嘰吱吱出聲，肥油還溢出嘴角，串延滴到下顎，脖子處，油溼膩膩」。而她的丈夫陳江水「貪性」，無時無刻不在林市身上加諸性暴力。林市以性換取食物，為了吃一口飽飯，她百般忍受丈夫的家暴。最讓她感到快樂的就是能在廚房煮食吃。貪戀食物和性暴力是這對夫婦生存的方式。

作者透過描寫陳江水和林市之間的性交易，揭示了人性與道德的墮落和虛偽。李昂將食帶入文學，探討食與慾所體現的複雜和矛盾的人性。從女性主義的角度看，小說揭露社會對女性身體、法律及經濟地位的操控。順帶提一句，李昂本人是位標準的「吃貨」，會為一頓美食，從臺灣飛到法國。

還有一部電影，片名就是《七宗罪》（Se7en）。這是1995 年由美國導演大衛‧芬奇（David Fincher）執導的一部犯罪影片。故事中的案情以七宗罪為主線。首宗案件發生在一個蟑螂孳生的骯髒公寓裏，一名極度肥胖的男子僵死在那裏，他的臉深埋在他面前裝滿意大利麵的碗中。偵探長沙摩塞之後通過線索在案發現場冰箱後的牆壁上發現了用脂肪寫下的 Gluttony（暴食）一字，同時發現了寫有「長路漫漫而艱苦，出獄後即見光明」的字條。這句話來自英國小說家約翰‧彌爾頓（John Milton）的《失樂園》（Paradise Lost）。沙摩塞立即將這個人與他們正追捕一個連環殺手聯繫起來，認為兇手正是依照七宗罪來一一行凶。而第一個受害人，就是個貪食者。

「貪吃」：「趨樂」或「避苦」

儘管「貪吃」在西方傳統中充滿了罪惡感，但當今的飲食文化有了很大的變化，出現大量「好吃」的電影。如

《美味情緣》（*No Reservations*，2007）、《美食、祈禱和戀愛》（*Eat Pray Love*，2010）、《心靈廚房》（*Soul Kitchen*，2009）、《歡迎光臨愛情餐廳》（*Tasting Menu*，2013）、《朱莉與朱莉婭》（*Julie & Julia*，2009）、《濃情巧克力》（*Chocolate*，2000）等等。其中，《美食、祈禱和戀愛》是根據美國作家、《紐約時報》記者伊麗莎白・吉爾伯特（Elizabeth Gilbert）的暢銷小說改編的電影。故事情節並不複雜：一位在外人看來，似乎擁有一切的中年女性，忽然發現她生活在一個毫無意義的世界中。她離了婚，告別了舊日的生活，但又開始抑鬱、失戀和落魄。為了擺脫這種存在的焦慮，她開始了一次尋找自我的旅行。在意大利的美食與美酒中，她得到最直接的感官快樂；在印度的瑜伽修行中，她得到了精神的最大愉悅；最後在巴厘島，她憑藉一顆快樂而虔誠之心，終於找到那個早已失去的自我，並獲得了人間的真愛。故事情節似乎過於程式化，但卻成為美國女性的「自我療癒的聖經」。讓我覺得有趣的是，美食在自我發現、自我療癒的作用。我也喜歡《朱莉與朱莉婭》（又譯《美味關係》）這部影片。一是女主角由我喜愛的梅莉・史翠普（Meryl Streep）扮演；二是茱莉雅・柴爾德（Julia Child）是我喜愛的一位美國廚師，她的美食 TV 是我當年必會觀看的節目。她的《法式料理聖經》（*Mastering the Art of French Cooking*）改變了美國人對飲食的態度和信念。記得 2004 年茱莉雅去世時，小布什總統親自為她撰寫悼詞。影片基於真人的故事，並融

難道人在天堂是不需要吃東西的嗎？

不知為甚麼，到了宗教階段，人就不需要美食的陪伴了。

入編者的想像。美食加愛情、青春加夢想，吸引了不少女性觀眾。

當然，最好看的美食電影當屬我前面的章節中所提到的榮獲奧斯卡金像獎的丹麥電影《芭比特的盛宴》（*Babette's Feast*）。這部影片不僅僅是談美食，而且是對人性的反思和探討。這部三十多年前的影片所展現的法式食物，如牛頭、海龜、蟾蜍、鵪鶉之類，一定會遭到今天的環保人士的指責，但在影片中卻起到與那些恪守宗教教條、每天靠鹹魚湯和麵包糊過活的村民形成鮮明的對照。村民們被眼前的食物驚呆了，這不是魔鬼的誘惑嗎？他們感受到誘惑的恐懼。這些奇特的美食已遠遠逾越了他們平日簡樸生活的戒律，何況還有美酒以及艷麗的無花果。在影片中，美食成為承載神的愛的象徵，成為化解人與人之間猜疑的良藥。平時，信徒們肅靜地起立，手忙腳亂地拿出讚美詩，禱告、唱歌。但他們真的在神聖的音樂中感受到上帝了嗎？而芭比特所展現的一桌子豐盛的晚宴，卻讓他們透過舌頭領悟了甚麼是神跡，甚麼是聖愛。電影通過食物，展示生命的經驗和靈魂的昇華。芭比特的盛宴，就是奇異的恩典！影片告訴我們的，不僅僅是美食的意義，而是應該如何看待人的命運：無論人們走上多艱難的道路，過着甚麼樣的生活，命運都會給予它恰如其分的饋贈。

與古希臘哲學相似，英國哲學家柏克認為，人類最基本的情緒可以分為「愉快」（pleasure）和「痛苦」（pain）

兩種；而人的本能在於「趨樂」（positive pleasure）和「避苦」（the removal of pain）。同時柏克認為，人類避苦的激情來自「自我保存」（SEL 和「社會」這兩個基本原則，因為內心的痛苦、疾病、死亡的觀念，讓一個人產生強烈的恐怖情緒。這種強烈的情感需要通過「趨樂」的環節加以控制，那麼，「性」和「食」都是製造愉快情緒的一部分。當然，除此之外，還有其他「避苦」的方法，如基於社會關係的所產生的情緒，如同情、模仿、雄心。（埃德蒙・柏克：《壯美與優美起源的哲學探究》）但有一點是肯定的，這就是柏克沒有把因美食而獲得的快樂當作負面的東西。他的作品中也常常出現與食物相關的比喻，如「沒有反思的閱讀好比吃東西沒有消化一樣」，亦或「事實對於心智好比食物對於身體」。

柏克的政治哲學是保守的，被稱為「現代保守主義的思想奠基者」。他對法國大革命的反思，至今是政治學中爭論的話題。柏克的反思是基於他對人性、尤其是人的理性的看法。他明確地指出，「政治應該適合人性，而不應該適合人的推理。理性只是人性中的一部分，而且絕非其中最大的一部分。」（Edmond Burke: *Reflections on the Revolution in France*）這段言論雖說是就政治而言，但對我們如何看待身體與精神的關係也有啟發意義。

近代存在主義哲學家索倫・祈克果（Søren Kierkegaard，1813-1855）用另一種方式闡述柏克趨樂和避苦的思想。他把人對性愛與美食的追求放在他所敘述

的「人生三階段」的第一個階段，即「審美階段」。這個時期的特點是追求感官快樂，只管享受，不求委身。祈克果透過他的人物唐璜，一位家喻戶曉的浪漫公子哥，具體描述了審美體驗的狀態，即個人在生活中受各種感覺、衝動和情感支配。這個階段中人是「為自己而活」，個人往往採取以直接滿足自己慾望為目標的生存方式，所以傾向陷溺於肉體的快樂。但這種快樂轉瞬即逝，並由此給人帶來空虛與厭煩。祈克果的第二個階段被稱之為「倫理階段」，其特徵是克制個人的情慾，並把自己的所欲與社會義務結合起來。這個階段中人「為他人而活」，個體要為他人着想，不再只顧自己的利益。在他的《非此即彼》（Either/Or）一書中，祈克果透過威廉法官這一角色，說明倫理關係中的道德責任。祈克果的第三個階段被稱之為「宗教階段」，他以《聖經》中亞伯拉罕的例子（亞伯拉罕被迫在倫理命令「不可殺人」與宗教考驗「敬愛上帝」之間做出選擇），提出著名的「信仰之跳躍」（leap of faith）的命題。在這個階段，人需要懸置倫理的判斷，而完全訴諸信仰，達到「為上帝而活」的超越境界。

其實，祈克果早年經常邀朋友到家中閒聊、喝咖啡、享用美食。這一點在他的日記中都有記載。不知為甚麼，到了宗教階段，人就不需要美食的陪伴了。難道人在天堂是不需要吃東西的嗎？祈克果早期非常注重身體和疾病的問題，這與他自身病魔纏身有關。但他最後的結論是，身體本質上欠缺了一種狀態，或失落了部分本質，所以人必

須超越身體，透過重新建立對神的覺醒與信仰，達到最終的解脫。（祈克果：《致死之病》）祈克果的思想顯然與中國的傳統思想有很大的差異。首先，在中國文化中，審美的感官快樂與倫理的責任不一定是互不相容的，因為在中國人看來，肉體與精神應該是統一的。因此，一個人對美食的追求並不意味着只是「為自己而活」，而排斥「為他人而活」。再者，中國傳統文化總體上具有人文主義的色彩，沒有祈克果的所說的「信仰之跳躍」。

或許美食和我們的味覺，可以成為上帝存在的最好證明。正如《芭比特的盛宴》，上帝通過美食，讓我們知道甚麼是美好的東西。還是梁實秋說得好：饞不是罪，反而說明胃口好，身體健康。「生命有限，吃一頓少一頓，每一餐都不能辜負。」（梁實秋：《雅舍談吃》）毫無疑問，食物成為了治癒心靈的最佳選擇。在〈飲食〉一文中，林語堂稱讚中國傳統文人在食物欣賞上的多樣性：「我們有『東坡肉』又有『江公豆腐』。」不僅如此，中國文人從來不會因為愛吃而感到羞愧。對於中國人，美食不僅僅是為了「趨樂」或「避苦」，而是對身體愉悅的肯定，是對「存在」本身的肯定。就像蒙田所堅持的那樣，我們能夠雙倍地享受我們的愉悅，「因為享受的尺度取決於我們所給予它的注意力的多寡。」

透過飲食，我們體驗人生的甜酸苦辣和喜怒哀樂。

chapter

18

從「身體美學」
到
「飲食藝術」

. . . . . .

「身體美學」

「身體美學」（Somaesthetics）一詞是美國著名哲學家理查德・舒斯特曼（Richard Shusterman）在上世紀 90 年代創造出來的一個新詞，是由希臘文的「身體」（soma）和「美學」（aesthetics）二詞合成而來。舒斯特曼基於美國實用主義哲學的原則，將傳統西方美學思考轉向對身體、對日常生活的關注。「身體美學」重新定義哲學、藝術和審美，形成一種新的實用主義的美學觀和人生觀。由於「身體」和「身體意識」成為一個不可忽視的研究對象，人的食色體驗自然也成為舒斯特曼所關心的議題。

我在前幾章提到，自古希臘柏拉圖以降，西方哲學傳統具有高舉心靈、忽略身體的特徵。柏拉圖的的靈魂論強調靈魂不朽，靈魂賦予身體一個本體，所以靈魂才是每個人的真正自我，與身體有着本體的區別。笛卡爾在他的《第二沉思錄》（*Second Meditation*）中進一步發展了心物二元（mind-body dualism）的理論，並在此基礎上提出一個不可懷疑的「思維的我」（cogito），並確立了自我意識純思維的中心位置，而身體等則為外在的「他者」。西方哲學中雖然也有像祈克果（關注身體與疾病）、尼采（「以身體思考為引線」）這樣另類的思想家，但身體二元論無疑是主流的思想。直到 20 世紀現象學（Phenomenology）的興起，現象學創立者埃德蒙德・胡塞爾（Edmund Husserl）在《純粹現象學與現象學哲學觀念》中明確地聲

明「身體是所有感知的媒介」，至此哲學界出現「身體轉向」（the somatic turn）──「身體」因此重新得到哲學家們的關注，如法國現象學家莫里斯‧梅洛-龐蒂（Maurice Merleau-Ponty）有關「肉身本體」（the ontology of flesh）的論述。梅洛-龐蒂認為，人的「存在」既是「意識」的存在，也是「物體」的存在。其中身體不是知覺的對象，而是知覺者本身，是知覺活動的出發點。換言之，身體具有了主體性。

無疑，舒斯特曼的「身體美學」深受現象學的影響。與此同時，舒斯特曼還原古希臘「美學」一詞的原有含意，即感官認知，這也是受到美國實用主義哲學的啟發。舒斯特曼認為，「身體美學」實際上是「身體感性學」。他認為，「身體化」（embodiment）是人類生活的普遍特徵，這也正是實用主義哲學家所注視的問題。無獨有偶，臺灣美學家蔣勳稱美學為「感覺學」，與舒斯特曼的思想不謀而合。其實，從東方文化的角度，重視身體、重視感覺，這一直是我們傳統思想的一部分。也難怪舒斯特曼近幾年轉向東方文化，包括中國和日本的飲食文化。

實用主義哲學（Pragmatism）產生於上世紀 70 年代的美國。著名的代表人物包括查爾斯‧裴爾斯（Charles S. Pierce，1839-1914）、威廉姆‧詹姆士（William James，1842-1910）和約翰‧杜威（John Dewey，1859-1952）。實用主義哲學強調經驗、行動和效果，堅持將抽象的理論植根於具體的生活。具體來講，實用主義哲學分為兩個派

別，一個是強調理性主義，另一個是強調經驗主義。對舒斯特曼影響最大的是杜威和他的經驗主義。在上世紀 20 年代，杜威號召哲學家去研究人類「直接快樂」（direct enjoyment）的經驗，如盛宴和慶祝活動。杜威也是位教育學家，他的教育理念是「生活、成長、重組及改造」。杜威的弟子之一是大名鼎鼎的胡適，中國新文化運動的領軍人物。1919 年，胡適曾邀請杜威到中國做哲學演講，並在今後幾年推廣杜威的實用主義哲學觀。對舒斯特曼來講，實用主義哲學觀最大的特色是對身體的自然主義的詮釋，其中包括反對身體的孤立化和碎片化。

舒斯特曼對當今歐美的兩大美學學派——分析美學和解構美學——進行綜合性的整合和吸收，並以詹姆士、杜威等人的實用主義哲學為基礎，形成自身獨特的新實用主義的身體美學思想，探討藝術定義、審美經驗、詮釋學、通俗藝術等一系列美學問題，也涉及具體的藝術形式，如舞蹈、時裝等。身體美學之價值在於重新檢視「認識世界、自我認識、正確行動」的哲學原則，與此同時，反思何謂人生意義以及快樂和美好。按照舒斯特曼的解釋，「身體」（soma）不僅僅是一個「肉體」（body），同時也是一個活生生的、感覺靈敏的、動態的人類身體。這個身體其存在於實質空間中，存在於社會空間中，亦存在於自身感知、行動和反思的空間中。身體意識不僅是心靈對於作為對象的身體的意識，而且也包括「身體化的意識」：活生生的身體（lived body）直接與世界接觸，並在

世界之內體驗它的存在。透過身體化的意識，主體和客體構成一個整體，與世界互動。舒斯特曼指出，美學是感性之學，從誕生之日起，就意味着對形而上學的革命。美學既是經驗，更是體驗（中文翻譯中這個「體」字起到了特殊的效果）。因此，「美學是作為有關肉體的話語而誕生的」。身體美學，不僅是感官審美欣賞的對象，更是自我塑造的場所。

身體美學的研究又可以分為三大類：「分析的身體美學」（analytic somaesthetics）、「實用的身體美學」（pragmatic somaesthetics）和「實踐的身體美學」（practical somaesthetics）。其中分析的身體美學注重純理論的研究，如本體論與知識論中的身體問題，確認身體在審美中的合法地位；實用的身體美學尋求規範性的判斷和指引，研究和分析身體狀態的美化和提升，如飲食、服飾、舞蹈、健美、瑜伽等；實踐的身體美學探討具體的身體操練：通過表演、修煉、踐行以提高自我認知，回歸身體美學的實踐本性。所以，實踐的身體美學是對傳統美學光說不練的反叛。在這一系列的活動中，感官認知（sensory perception）是身體化的意識的關鍵。舒斯特曼認為身體不但是可知的，而且是可以修煉的（這一點大概受到東方思想的影響，如道教和禪宗）。反思身體意識可以提高人的感官認知，創造更好的審美經驗。

日常生活經驗

　　作為生活哲學，身體美學提倡面向日常生活經驗，經由審美而提升的生存境界。藝術與生活的界限被打破，讓日常生活以審美的方式呈現在人們的面前。當然，我們不能不承認，現代生活難以擺脫過於商業化的傾向，很多與身體相關的內容，如養生、美容、健身等由於商業的炒作被過度地消費，使得人的身體被自我對象化和工具化。舒斯特曼也不得不承認，「對於身體感性的精微之處和反思性身體意識普遍麻木，而這種麻木又導致了對於畸形快感的片面追求」。（舒斯特曼：《身體意識與身體美學》）在一個物質的、法律控制的世界中，審美經驗成為自由、美感以及理想意義的庇護所。我們對自我身體的認知不是先驗的，而是經驗的，這種經驗既有「外在」的因素，也有「內在」的因素，後者似乎更有力度。但舒斯特曼所倡導的身體美學並非像尼采的酒神精神一樣，號召人們回歸身體原始的本能和激情，而是重新調節身心的平和，從感官認知達到自我認知。

　　如果生活即審美，那麼我們應該如何看待美食？如何看待我們享用美食的經驗？作為感性之學，味覺的研究同樣意味着對形而上學的革命。你就是你的食物，這就是說，美食經驗不僅是感官愉悅的對象，更是自我塑造場所。飲食經驗是肉身化的哲學的一種表達形式，而這恰是哲學的重要目的，即正確的行動，包括意識的覺醒，以及

對身體的控制能力。

在其〈身體美學與飲食藝術〉(*Somaesthetics and the Fine Art of Eating*)一文中,舒斯特曼開篇這樣寫道:「飲食是人的需要,但懂得如何飲食是一門藝術。」這句名言被世人認為來自法國箴言作家弗朗索瓦·德·拉羅什富科(François de La Rochefoucauld),舒斯特曼認為這句名言出自一位 19 世紀的德國作家。源頭已經不那麼重要了,關鍵是它的意義。現在,我們看到很多美食書都喜歡用類似「吃的藝術」這樣的表達,體現美食家布里亞‐薩瓦蘭所倡導的美食學(gastronomie),即飲食不僅僅是關乎美的經驗,也是一種生活態度。美國美食家 M·F·K·費雪的那本《飲食的藝術》至今依然是同類書籍中的佼佼者。她提倡優雅飲食,吃出「生命的華麗胃口」。

舒斯特曼很喜歡中文中「飲食」這個詞。英文中的 eating(食)與 drinking(飲)是分開的兩個詞。有意思的是,舒斯特曼在他的文章中,特意說明文章中的 eating 採用中國文化的「飲食」的概念。我的中文翻譯也採用「飲食」,即「飲食的藝術」,而不是「食的藝術」。還有,舒斯特曼的文章標題的英文是「fine art」,而非通常所用的「art」。「fine art」的字面意思是「精美的藝術」。但在中文世界中,常常被理解為「美術」,即繪畫藝術。「美術」一詞誕生於 20 世紀初,是由中國畫家、教育家呂鳳子(1886-1959)從日本帶到中國的。那時,傳入中國的不少西方詞彙都是來自日本,「哲學」、「宗教」、「科

學」、「意識形態」、「商業」、「概念」、「系統」等。在西方文化中，美術（fine art）是一個廣義的概念，其中包括繪畫、雕塑、音樂、戲劇、書法、雕刻、文學等類別。所以，舒斯特曼使用 fine art 說飲食，也是在廣義的概念中使用。

舒斯特曼將美食的審美經驗分為三個相互關聯的方面：一、準備飲食料理的多元複雜的過程，這個過程也包括餐具的擺放與展示；二、食物的欣賞和評判：對食材的研究、欣賞和審美判斷——味道、顏色、形狀，以及它們的營養含量和所承載的文化意涵；三、食物入口後所引發的一系列的身體經驗，包括消化的過程。舒斯特曼指出，人們常說的飲食之藝術經常是把着重點放在第二個方面，即對食材的研究、欣賞和審美判斷，而忽視第三方面，即享用美食之後身體的變化，而這個部分，正是舒斯特曼想要強調的。食物的消化過程不僅僅是身體機械地或化學地運動的過程，它本身涵蓋着對事物的選擇、判斷和反思。舒斯特曼認為，對第三方面的研究，有助於我們對第一方面和第二方面更好的認知。

飲食的藝術不只是如何展現美的食物，而是與美食互動的人的行為，是身體和身體藝術意識。

飲食藝術與飲食行為

　　應該注意的是，飲食藝術（the art of eating）不等同於飲食行為（the act of eating），儘管前者有時會離不開後者。飲食行為往往是本能的、受習俗控制的、沒有思考的、機械的行為。在某種意義上，這種行為與其他動物沒有太大的區別，對食物的渴望也相似。只是我們人類發明的語言，讓我們學會對各類食物命名和分類，譬如開胃食、主食和甜點，或主菜與小菜。顯然，動物進食時，不會有這樣的分類。所以法國著名美食家布里亞‑薩瓦蘭（Jean Anthelme Brillat-Savarin）有句名言：「動物餵飽自己，一般人進食，聰明人知道如何飲食。」舒斯特曼認為，人類對飲食的認知和審美的經驗需要積累的才智、靈敏的感知力以及對食物質量的反思和評判。在此基礎上，舒斯特曼又把美食家分為兩類：一類美食家是有能力分辨美食和享用美食；另一類美食家是有能力審美飲食（已超出選擇食材和享用美食的能力）。後者對食物的認知以及對美食的欣賞已被轉化為一種飲食的藝術——關注點只在審美食物的體驗和身體感受食物的經驗，所以「吃的哲學」是我們不可忽視的一件事。不但如此，舒斯特曼甚至說，這種飲食藝術是超越一般我們所熟悉的五官的經驗，包括味覺的感受。這種飲食藝術聽上去有點「神秘經驗」的味道。

　　這到底是甚麼樣的經驗呢？根據舒斯特曼的解釋，這

種經驗首先是時間性的，是時機的把握（timing）。食者按照時間的順序享用食物的美味，這不一定指一道菜接着另一道菜，而是指一口菜接着另一口菜，以及時間的間隔和每一口中的嗅覺、品嚐、咀嚼、吞嚥。每一個具體的經驗相互作用，形成和諧的韻律，成為一個飲食的過程。每一口品嚐、食物在胃中的消化都是在時間的流變中進行。體驗美食本身需要時間，慢慢來，決不能着急。其次，飲食藝術是一種表演藝術（performing art），就像音樂、舞蹈，是演繹的過程。或許會有人說，飲食的藝術不是吃本身，而是被吃的食物。由此所謂的審美不是吃的動作，而是吃的對象。針對這種說法，舒斯特曼的回答是，飲食的藝術不只是如何展現美的食物，而是與美食互動的人的行為，是身體和身體藝術意識。顯然，舒斯特曼的解釋帶有現象學的特徵，同時也是實用主義「行動」哲學的演繹。傳統哲學尊崇、專注心靈而貶低身體、疏遠身體，而舒斯特曼的飲食身體美學，就是對貶低身體的一個翻轉，是通過身體的自我救贖。

　　舒斯特曼用戲劇表演作比喻，為了說明飲食美學的時間性和表演性。一部搬上舞台的戲劇，首先要有劇本，但戲劇不能只有劇本，否則就是一個文學作品，而不是戲劇。戲劇依靠是舞台和時空上的表演，這個表演一定是超越劇本的，並增加了劇本的藝術層次。飲食藝術亦然，審美經驗不至於觀賞各式佳餚，而是食的「行動」所產生的身體的愉悅。因此，美食的價值在於我們飲食的經驗。倘

若是一位廚師，他不會被他所製作的食物的好壞所影響，除非他自己要親自吃他所烹飪的食物。食客就不同，食物的價值直接來自他與食物的關係，即他從食物中所得到的美感體驗。如果我們用亞里士多德的術語，烹飪是poiesis（製作活動），而飲食是praxis（實踐活動），兩者的功能不同，難怪歷史上很多美食家不一定是大廚，因為大廚所從事的仍屬於製作活動。

舒斯特曼的身體美學強調日常生活的面向：沒有比一日三餐更生活化的事情了，它形成了我們感知這個世界最原始的角度；它超越文化、超越種族，是人類普遍的日常生活經驗。好的飲食不僅帶來身心的愉悅，而且帶來身心的健康。如果正如布里亞－薩瓦蘭所言：我們就是我們所吃的食物，那麼反思飲食的藝術有助於我們更好地認知自我——飲食習慣以及這些習慣對我們自身及與我們同餐的親友的影響。更為有意義的是，反思飲食的認知過程不是一個點，而是一條線，不是封閉的，而是敞開的。另外，飲食的藝術可以說個體的，也可以說社會的。由於飲食活動常常是一種社交活動，它的社會以及文化層面的意義不能忽視。特別在我們中華文化中，有時候，和甚麼人一同吃比吃甚麼，更會影響我們的飲食經驗。

由於飲食是身體的經驗，舒斯特曼還強調吃飯時的坐姿：甚麼樣的坐姿更容易體驗美食的體驗？首先身體要坐正，坐姿不正，將使得胃腸消化不良。還有吃的舉止，包括身體、胳膊、手的動作。另外，注意飲食過程中的內在

空間的控制，如品嚐食物的節奏：舔、咬、嚼、吞等，以及像鼻、嘴、舌、喉這些器官的敏感度。我們在品味佳餚時，可以準確地把握不同食物的顏色、香味、質感。這種身體的經驗是一種身體的意識，而這個身體的意識又是我們身份認同的重要而根本的維度。這讓我想到清初的大文豪、大吃貨李漁的名言：「吾觀人之身，眼耳鼻舌、手足軀骸，件件都不可少。其盡可不設而必欲賦之，遂為萬古生人之累者，獨是口腹二物……吾反覆推詳，不能不於造物是咎。亦知造物於此，未嘗不自悔其非。」（李漁：《閒情偶寄・飲饌篇》）人因為有了肚子和嘴巴，生活就繁累了。李漁一方面對人的口腹之慾表達無奈，但一方面承認這是造物之舉。既然老天爺給了人一個軀體，給了一個無底洞的肚子，我們只能接受我們的軀體，認識我們的軀體。舒斯特曼認為，我們拒絕我們的身體，拒絕我們的身體意識，就是拒絕我們自己。（Richard Shusterman: *Somaesthetics and the Fine Art of Eating*）

顯而易見，舒斯特曼的飲食藝術符合他身體美學中的「審美」具有雙重功能：一是強調身體的知覺功能，二是強調其審美的各種運用功能，既可以讓個體自我風格化，也可以用來欣賞其他自我和事物的審美特性。「認識你自己」——這一使命是蘇格拉底在特爾斐的阿波羅神廟中領悟到的。舒斯特曼說：我既是一個身體，又擁有一個身體。所以，認識你自己，要從認識你的身體開始，從你的「食慾」開始。

食物選擇中

的

道德困境

······

飲食習慣和價值取向

　　一個人的飲食偏好與一個人的政治傾向有關聯嗎？這是一個有趣的問題。美國《紐約客》專欄作家亞當・高普尼克（Adam Gopnik）就這個問題考察了一下法國人的飲食習慣和政治取向的關係，得到的結論是，基本上沒有關係。譬如一個喜歡嘗試不同飲食風格的人（在飲食品味上是一個喜歡冒險、創新的自由派），卻是《費加羅報》或《觀點》這類中間偏右媒體的讀者；而堅持傳統法式料理的老派食客有可能是左翼媒體，如《瑪麗安》或《解放報》的忠實讀者。（Adam Gopnik：*The Table Comes First*）照高普尼克的觀察結論，那句「你吃甚麼食物，我就知道你是甚麼人」的名言好像要大打折扣了。儘管如此，我們在很多時候還是能夠看到飲食偏好與政治取向的關聯。例如在美國，喜歡練瑜伽功的素食者或主張動物權益的素食者，和那些離不開德州牛排的食客，大概是屬於不同政治陣營的人。那麼，飲食背後，是否存在不同的價值取向？

　　巴吉尼在《吃的美德：餐桌上的哲學思考》一書中說過這樣一段話：「道德佈滿了陷阱，即使我們已經深思過某個議題，可能還是會錯得離譜⋯⋯我們都有選擇權，可以選擇固執不變或盡力而為⋯⋯我寧願自己是個困惑不解、前後不一、因為道德立場而遵守不完美甚或過於簡化的規則，也不願意當個道德無感的人。」巴吉尼在這裏指出，道德的標準有時並非涇渭分明，簡化的遵守規則是

教條主義，否定規則又是虛無主義。這種「道德困境」也常常表現在我們對食物的看法以及在食物選擇上。

所謂「道德困境」（moral dilemma）在倫理學中也稱道德悖論，意指陷於道德命令之間的明顯衝突。也就是說，如果遵守其中一項，就將違反另一項的情形。在此情況下無論如何作為都可能與自身價值觀及道德觀發生衝突。譬如，一個無肉不歡的人，和食素的朋友在一起，可能就會為「to (m)eat or not (m)eat」（吃肉還是不吃肉）這個問題是否是道德選擇而爭執。「人如其食——你就是你吃的食物」，從飲食健康的角度看，這句話聽起來似乎沒有問題。但從道德選擇的角度來看，難道你選擇的食物就是你的道德選擇嗎？難道食素者一定比食肉者更道德嗎？先不說「食素」可能出於健康的考慮，也可能出於環保的考慮。就算是後者，「食素」就一定環保或更有愛心嗎？巴吉尼在《吃的美德》就這類問題進行了探討，其中包括「食素」、「有機」、「基因改造食物」、「食譜」、「公平貿易」等相關議題。顯然，巴吉尼不是用簡單的「政治正確」（politically correct）的道德標準去評判人們的食物選擇。譬如，「生態環保人士」眼中的食物應該是「新鮮」、「在地」、「自然」，但一味強調有機自然反而會矯枉過正。如果全世界都改為有機作物，那有大半的人會因此餓死；再有，基改食物（genetic modified food），其問題的本質是食物本身還是它們對於環境的衝擊，至今沒有標準答案；有些人質疑公平貿易的價格高，但在市場自由

運作的機制下，這或許是消費者願意付給生產者高一點的金額，幫助他們改善生活。其實，我們每天面對的食物，背後都有一個培育、生產、製作、烹調過程，這個過程自然會有倫理意涵。我們作為消費者，也會考慮這個過程中有可能帶出的倫理議題。

的確，飼養人類需要食用的動物意味着土地、飼料、能源的消耗，但這是否等於說食肉者就是環境的破壞者？的確有學者提出，吃肉導致森林的消失。我懷疑這種說法的科學根據。素食者說不該吃有生命的動物，卻能吃有生命的植物，吃有生命的植物還是其它生命一定是個道德問題嗎？難道做一個「食肉環保者」（a meat-eating environmentalist）是不可能的嗎？

美國《國家地理》雜誌特約撰稿人丹尼爾·斯通（Daniel Stone）2018 年出版《食物探險者》（*The Food Explorer*），該書出版以來，一直受到食物愛好者的追捧。作者在書中詳盡講述了美國人的飲食如何從 19 到 20 世紀初的轉化，即從單一食物逐步進入多元的食物供應。除了大自然的恩典，更多的食物來自全世界的貿易，尤其是早期探險者的努力：意大利的無籽葡萄、克羅地亞的甘藍、高加索地區的葡萄、巴布亞紐幾內亞的香蕉、伊拉克的海棗、中國的橙子、智利的鱷梨……由此看來，有些被我們認為「在地」的食物，其實是舶來品，所以，《食物探險者》的副標題是「跑遍全球的植物學家如何改變美國人的飲食」。這位喜歡探險的美國植物學家就是大衛·

弗萊查爾德（David Fairchild），他曾在十年間，將上千種植物從世界各地帶到美國，由此增加了植物的多樣性，也改變了美國人的飲食結構。

美國食物倫理學家保羅・托馬森（Paul B. Thompson）所著的《從土地到餐桌：每個人的食物倫理》（*From Field to Folk: Food Ethics for Everyone*）發表於 2015 年，涉及食物倫理學的方方面面。作者首先從全球食物消費鏈出發，說明我們的食物選擇如果受到食物消費鏈的影響，其中涉及機器飼養農場對動物和環境的傷害。與此同時，作者對食物加工行業的工人所遭受的「不公平」的待遇進行揭露和批判，認為當下在全球所推動的「食物運動」（food movement）正是對不公正待遇的有效回應。沃倫・貝拉史柯（Warren Belasco）在他的《食物：認同、便利與責任》（*Food: The Key Concepts*）一書從記憶、性別、全球供應鏈、健康及永續等層面探討當今的飲食生活，以及人們該如何選擇食物：「認同」、「便利」或「責任」，哪個向度會是人們的優先考量？當然，作者也明白指出「責任」可能不是影響食物選擇的最強大因素，但他認為應該讓「責任」位居重要的地位，並建議消費者應適當考慮選擇食物的後果。倫理學中經常被討論的議題還包括社會公義、全球飢餓、家禽生產、綠色科技、食品營養、食物安全等等。毫無疑問，「食物倫理」議題已成為 21 世紀的顯學，正如沃倫・貝拉史柯所言：「關於現代工業文明（及現代工業食品）未來的爭辯，對 21 世紀而言並不新鮮。」

大多食物倫理以及食物研究的學者對現代主義以及現代自由市場經濟帶有一定的質疑和批判。他們往往從農業生產與能源入手，探討食物主權、土地恢復力與小農生產議題，提出「食物為民，不為商業利益」的新農食體系價值為目標，並以此破解「自由市場迷思」。由於這些著作的立場鮮明，透露某種食物的選擇才是「正確的」或「道德的」，因此與自由主義的信奉者產生不同的倫理道德和價值判斷。（張瑋琦：〈如何建立食物思考力？〉）出於同樣的理由，很多食物研究的學者對全球化對傳統農業經營的影響，也提出諸多的批判。譬如，一些本土化產業放棄傳統工藝，仿效跨國企業「麥當勞」的生產方式，令傳統工藝文化難以承傳。

食物選擇的自由

　　然而，自由市場的擁護者，強調選擇的自由。他們認為，食物選擇是有關個人品味的私事，只要不危及他人的利益，社會就不能以道德的名義加以干涉。任何訴諸社會的道德評判，都已預設了某種「共同道德原則」，並將這種道德原則強加於他人。譬如，吃肉是否是一種倫理的行為？是否有悖於動物的權利？人們選擇素食有許多的理由，為甚麼素食就會有道德優越感？素食代表「尊重生命」嗎？在回答這些問題之前，我們應該考慮現代飼養和

屠宰動物的方法，我們也可以考慮如何用更有效的方式善待動物，以減輕動物的痛苦，而不是簡單粗暴地說食肉的行為不道德。巴吉尼在《吃的美德》一書中，描述他親訪屠宰場的見聞，認為我們應該重視動物福祉。也就是說，身為目前最強勢的物種的我們，對世界萬物，應該要具有同情心。巴吉尼的觀點，類似於我們東方人所說的人的「慈悲」或「惻隱之心」。至於動物是否有權利，這是動物倫理學一直在爭議的問題。

至於出於宗教信仰食素，或避免某種肉類食物，這屬於各自宗教所保守的傳統戒律和行為規範。從現代自由主義的立場看，宗教信仰屬於個人的選擇，故不能成為普世的道德原則。比如佛教教義有「不殺生」之說，《大智度論》言：「諸餘罪中，殺業最重。諸功德中，放生第一。」「不殺生」是基於佛教無緣大慈、同體大悲的思想，也含有佛教所強調的「眾生平等」的原則。然而，即便如此，佛教的信仰者並不是絕對的不食肉，如早期的佛教、藏傳佛教、日本禪宗，連佛祖本人都不是素食者。食素的原則，在佛教史上並沒有定論。上座部佛教律藏經對殺生也有不同的定義，一般認為吃肉與殺生沒有關係。例如《臭穢經》（葷腥經）認為，食肉不是臭穢，貪、瞋、痴（佛教中所說的「三毒」）才是臭穢。加之，早期佛教出家人以托缽乞食為生，有甚麼吃甚麼，並不能挑食。而佛教中「食素」中的「素」意指的是齋食，即避免蒜、蔥類的食物，具體來說，就是大蒜、小蒜、阿魏、慈蔥、茖蔥。原

因是這類食物會妨礙修行打坐。《詩‧魏風‧伐檀》亦有「彼君子兮，不素食兮」的說法。中國傳統的素食即不食「五辛」（或稱「五葷」），這一思想後與佛教教規融合。再有，禪宗有「酒肉穿腸過，佛祖心中留」的說法，不拘泥於形式，是禪宗的精髓。

華夏是農業古國，一般百姓多賴耕種為生，因此傳統飲食，以穀物菜蔬為主，肉食為輔。肉類缺乏，一般人吃不起，所以不是吃與不吃的選擇問題。按照《禮記‧王制》的說法：「諸侯無故不殺牛，大夫無故不殺羊，士無故不殺犬豕，庶人無故不食珍。」可見在飲食階級劃分下，一般民眾想吃珍饈佳餚是件不易之事。佛教傳入中土，在許多信仰佛教地區，並未嚴禁肉食，但有「三淨肉」的說法。所謂的「三淨肉」，是指不見、不聞、不疑的淨肉：「不見者，不自眼見為我故殺是畜生；不聞者，不從可信人聞為汝故殺是畜生；不疑者，是中有屠兒，是人慈心，不能奪畜生命。我聽噉如是三種淨肉。」（《十誦律》）這大概就是佛教所說的「慈悲為本，方便為門」吧。聽上去有點類似孟子所說的「君子遠庖廚」，因為「聞其聲，不忍食其肉」（《孟子‧梁惠王上》），但搬到餐桌上的肉還是可以吃的。儒家認為道德始於人倫，堅持「人禽之辨」，不存在所謂的「物種歧視」（speciesism）的倫理問題。所以接受儒家思想的人，可以心安理得地享受各類肉食的美餐。

1987 年，獲得美國普立茲獎提名的約翰‧羅賓

森（John Robbins）出版了《新世紀飲食》（*Diet For A New America：How Your Food Choices Affect Your Health, Happiness and the Future of Life on Earth*）。該書一經發行，便榮登當年暢銷書榜首，被認為是「改變美國人的飲食習慣和改變地球」的佳作。甚至有人把《新世紀飲食》和約翰·羅爾斯（John Rawls）的《正義論》（*A Theory of Justice*）以及瑞秋·卡森（Rachel Carson）《寂靜的春天》（*Silent Spring*）相提並論。《正義論》出版於 1971 年，在學界被視為一部具有里程碑意義的政治哲學與倫理學著作。在書中，羅爾斯嘗試用社會契約的衍生方式來解決分配公正的問題，由此推導出「正義即公平」（justice as fairness）的理論，並由此得出他的正義二原則：自由原則和平等原則。《寂靜的春天》出版於 1962 年，在美國現代圖書公司「二十世紀 100 本非小說」類中排名第五。作者卡森是一位海洋生物學者，她在書中深刻地解析了有毒化學農藥對環境的深遠影響，從微小如土壤生態系中的真菌，談到龐大海洋生態系中的巨型哺乳類；從微觀的細胞生理機能運作解釋到宏觀的生態系能量流動。

羅賓森基於經數年對美國飲食習慣的調查研究，提倡一種新的飲食文化，即「素食文化」（vegetarianism）。作者在書中把飲食營養學、環保、動物權利等議題巧妙地融合在一起，故事動聽、文字優美。羅賓森指出，「飽和性脂肪和膽固醇」，也就是肉、蛋吃太多，會引發各種疾病，包括癌症的產生。羅賓森把肉、蛋、奶稱為「三毒食

物」，建議人們盡量少吃。羅賓森不愧為富家子弟，他是否知道世界上現在還有多少人根本沒有三毒可吃。他們面臨的問題不是營養過剩，而是營養不足。顯然，羅賓森所呈現的問題，是後工業時代食物「過剩」（excess）的社會議題。

　　與此同時，書中所揭露的美國飼養場的各種恐怖內幕，令人讀後深感毛骨悚然。作者論證的結構是這樣的：首先向讀者展示動物世界是多麼的可愛，沒有其他動物，我們的日子還有啥意思？然後告訴我們那些早已為我們熟知的動物（大多成為我們餐桌上的食品）是如何被虐待、被殘殺的。然後是蛋、肉及乳品的氾濫以及它們對人類健康的傷害。最後作者指出美國社會浪費食物的現象以及食物生產（尤其是肉類食物的生產）對環境的破壞。這是一個完美的論述結構：健康—動物權益—環保。沒有幾位讀者看後還再想觸摸肉、蛋、奶之類的食物了。根據這本書的內容，洛杉磯的 PBS 後來還拍攝了紀錄片，向公眾揭示「工廠化農場」對動物的暴行，一場飲食革命就這樣在美國拉開了序幕。現在在歐美國家，素食人口在不斷增長。如丹麥哥本哈根諾瑪（Noma）餐廳是一家米其林二星的知名餐廳。主廚勒內・勒哲畢（René Redzepi），以素食改變北歐美食以魚肉為主的傳統，打造了全新的北歐／斯堪迪納維亞美食（Nordic ／ Scandinavia Cuisine）。素食者可以分為兩類：一類是一般素食者（vegetarian），一類是純素食者（vegan）——前者只是不吃肉類和海鮮，

後者不吃來自動物身上的任何東西（如蛋類和奶類食物）。

素食： 新世紀飲食？

自《新世紀飲食》問世，三十多年過去了。今天再讀這本名著，我還是有一種複雜的心理。羅賓森堅持認為，動物應該從菜單上撤下來。他說：人的飲食，可以拯救地球，也可毀滅地球。作為食肉的我，被作者說成是破壞地球的一份子，多少有點不服氣。其實，早在《新世紀飲食》問世之前的 1971 年，另一本暢銷書《一個小星球的飲食》（The Diet of a Small Planet）這樣寫道：人們為了生產一份肉食，需要花費十四倍的穀糧來餵食動物，這是一個巨大的資源浪費。作者莫爾・拉彼（Frances M. Lappé）認為，吃素又健康，又環保，吃素可以讓一個人在這星球上「無債一身輕」。我不是營養學家，不想加入素食是否一定健康的爭論。但就倫理學的立場，我接受許多同我一樣非素食人的觀點：保護動物沒有問題，不同的飲食方式也沒問題，但是不必把素食的行為上升到道德倫理高度，不食素並非是不道德的表現。何況不少人吃素，是因為承繼了某種宗教信仰或文化傳統，並非經過倫理思考後的決定。再有，對動物的關懷可以有不同的表達形式，譬如收養流浪貓、流浪狗等。

儘管我會贊同羅賓森的很多觀點，如不要虐待動物，

To eat or not to eat,
that is a question.

不要浪費食物、不要過度消耗能源，要注意飲食健康（少吃帶有化學藥品、荷爾蒙、殺蟲劑和抗生素的食品）等等，但我還是認為他的一些觀點過於誇張、過於武斷。或許作者認為，在危機時代，為了警示世人，一定的誇張是修辭的必要。我之所以這樣說，是因為這種誇張不但表現在《新世紀飲食》一書中，而且體現在食物倫理學這門學科中。現在，很多倫理爭論，特別是在環保問題上，已經不僅僅是倫理議題，而是帶有強烈政治目的活動。即使我們同意澳大利亞著名的哲學家彼得・辛格（Peter Singer）對保護動物的呼籲，也同意改變工業養殖的方式，但無需把任何菜單都變成「彼得・辛格的菜單」。2010 年，以色列裔英國廚師尤他馬・奧特藍奇（Yotam Ottolenghi）寫了本《大開吃界》（*Plenty：Vibrant Vegetable Recipes from London's Ottolenghi*）的暢銷書，向世人推廣各式素食美食菜譜。殊不知，他本人是食肉的。

在美國威斯康辛大學教授哲學的艾利亞特・索波爾（Elliott Sober）對環保倫理中的一些論證提出質疑。他在〈環保主義的哲學問題〉（*Philosophical Problems for Environmentalism*）指出，環保運動中很多哲學或規範倫理學問題並沒有得到澄清，導致概念或結論的混亂使用。譬如，如何理解自然界各種物種的「工具價值」（instrumental values）？當我們說甚麼東西是自然資源時（如食物、醫療、娛樂等），我們不可能避免考慮其工具價值，然而我們又如何定義自然資源超出工具價值之外的

「內在價值」（intrinsic values）呢？環保倫理試圖說明自然中的萬物具有人類估價以外的價值，即非人類中心論所考慮的價值，但是任何「概念化的嘗試」（conceptualization）都是人類理性化的產物。再有，動物的問題。實際上，環保人士與動物保護（或動物解放）人士在如何區分「家養動物」和「野生動物」的問題上一直沒有達到共識。動物保護人士認為，所有的動物，無論家養還是野生，都有「感受痛苦的能力」（the capacity for suffering），所以都應是倫理考量的對象。而環保人士更重視被他們認為是「自然」（natural）的物種，即生態鏈中的野生動物。索波爾則認為，自然是生物概念，不是倫理觀念。在索波爾看來，環保倫理的最大問題是人為的製造「二元對立」的問題，如痛苦／快樂、需求／興趣、個體／整體、自然／人為等等。另外，「滑坡謬誤」（slippery slope）也是我們在環保倫理中常見到的邏輯謬誤。也就是說，論證者會使用連串的因果推論，卻誇大了每個環節的因果強度，而得到不合理的結論，因為事實不一定照着線性推論發生，而有其他的可能性。譬如，說食肉導致環境的破壞，就是把一個複雜的因果推論過於簡單化了。另英國評論家科克·里奇（Kirk Leech）在〈吃的倫理：吃甚麼才是道德的？〉中，也對在食物選擇上做過多的道德評價提出異議。他認為吃東西是種享受，品味美食更是如此，不應該被道德綁架。

環保主義者是從保護生態的角度主張素食文化，而動物保護主義者是從動物權利的角度反對肉食文化。然而，

我們又如何界定「動物權利／權益」（animal rights）呢？動物是否有「權利」（rights）？所謂的「權利」是一種潛在的宣稱（claim），同時存在着這個宣稱的執行者，這個執行者可以是個體、社群、國家等，法律中的權利更為複雜。有些權利具有道德意涵，但沒有法律的承諾（如我有讓他人對我言而有信的權利），而有些權利既有道德意涵，亦有法律承諾（如不受搶劫的權利）。彼得・辛格是動物權利的提倡者，也是動物解放運動活動家。他在 1975 年發表的《動物解放》（Animal Liberation）一書，曾在倫理學界轟動一時。辛格認為，動物應被納入道德考量的範圍，亦應享有與人類相同的平等權利。然而，人類的法律和道德是人制定的，也就是說，人是自我立法（self-legislative）和道德自律的（morally autonomous）。相比之下，其他動物沒有這種道德判斷的能力，因此既不可能提出任何道德宣稱，也不可能是道德宣稱的執行者。我們可以界定動物的「利益」（interest），卻無法確定動物的「權利」；而且，從有「利益」到「權利」之間，有一個邏輯上的跳躍。儘管如此，我們理解為甚麼動物保護人士需要「動物權利」的說法，他們需要一個與「人權」相應的類比概念，呼喚人們對動物的關懷與仁慈。正如巴吉尼在《吃的美德》所言：「我們重視動物福利，供應商自然會跟進。」

總之，我們有食物選擇的自由，我們不應該把我們的選擇強加於他人。但作為個體消費者，我們也應該適當地

考慮一下食物選擇中所存在的倫理問題。「To eat or not to eat, that is a question」。人類作為「地球管家」也好，「地球一份子」也罷，維護我們賴以生存的環境，這是我們每個人的責任。

吃甚麼才道德呢？這不是容易回答的問題。

我們有食物選擇的自由，我們不應該把我們的選擇強加於他人。

食物構建
自我

自我的迷思

　　哲學中一個常常被提出的問題就是「我是誰？」或「誰是我？」這讓我們不禁想到布里亞－薩瓦蘭的那句名言：「告訴我你吃甚麼樣的食物，我就知道你是甚麼樣的人。」

　　「我是誰？」「我從哪裏來？」「我要到哪裏去？」這是哲學三大終極問題，其中「我是誰？」至關重要。與「我是誰？」密不可分的另兩個概念是「自我同一性」（self-identity）和「人觀」（personhood）。哲學家問：我們是否應有一種一成不變的、超驗的自我同一性或人的狀態。笛卡爾堅持「我思故我在」（Cogito, ergo sum），就是說，我的自我同一性在我的思維中得以證實。在那個充滿各式懷疑論的時代，笛卡爾也在懷疑，他在問自己「我到底是誰」？想來想去，最後認為，我可以懷疑一切，但總不能懷疑我正在懷疑吧？而懷疑說明我的大腦在思考，也說明思考者的存在，所以「我思故我在」。顯然，笛卡爾的「我」是在理性框架中構建出來的。和古希臘的蘇格拉底、柏拉圖一樣，笛卡爾也是典型的理性主義者，相信理性是通往知識的唯一途徑。故我思的本質，就是人的理性。

　　與此同時，在笛卡爾看來，這個思考的理性的「我」是一個不變的精神的我，不受肉體的影響，是心靈的體現。笛卡爾認為，心靈和肉體是分開的：前者是無形的；

　舌尖上的哲學　我吃故我思

後者是有形的。笛卡爾把人的心靈比作噴泉製造者，人的大腦比作蓄水池，而人的肉身是噴泉的整個構造。噴泉的構造當然是由噴泉製造者來決定。這種心靈和肉體的有等級的區分在哲學上被稱之為「心物二元論」。

英國懷疑論者休謨對「我是誰？」的問題有不同的觀點。作為經驗主義者，休謨不相信理性所構建的自我，認為自我這些觀念只是為了方便日常生活的概念而已。休謨的代表作《人性論》（*Treatise of Human Nature*）有一個章節是〈論抽象觀念〉，他在論述抽象觀念之前，引用了另一位經驗主義哲學家喬治‧柏克萊（George Berkeley）的一段名言：「一切一般觀念無非是附加在某個名詞上的個別觀念，該名詞讓這種觀念得到比較廣氾的意義，使它在相應的時候回想起和自己類似的其他個體。」休謨想要表達的是，我們的知識，是由「印象」和「觀念」所製造，當我們使用「自我」或「人」這些觀念時，抽象的觀念是一個被感知的存在，本身總是以個體的形式表現出來。由此，休謨堅持「自我」也是「被感知的觀念之一」。簡言之，所謂的「自我」只是感受到的「知覺的集合」（a bundle of perceptions）而已，這個印象一開始是真實，之後便會慢慢模糊：「我的知覺在任何時刻被移除時——就像是在熟睡中——就無法感覺到我自己，而且可以真確地說我根本不存在。」（David Hume: *Treatise of Human Nature*）可以看出，作為懷疑主義哲學的代表人物，休謨是將懷疑的原則貫穿到底。他把「自我」和「人觀」都看

作是基礎主義（foundationalism）的自我幻覺而已。甚麼是自我？說不定自己所認為的那個自我，只不過是某些思緒與感受的集合而已，而不是擁有思維的單一實體。

　　其實，「我如何證明我是我」這個問題，在哲學中稱之為「同一性」（self-identity）問題。這個問題可以追溯到古希臘哲學。當時有一個爭論議題叫作「忒修斯悖論」（Theseus' paradox），也稱為「同一性悖論」。當時 1 世紀時有位叫普魯塔克的人提出這個問題：如果忒修斯的船上的木頭逐漸被替換，直到所有的木頭都不是原來的木頭，那這艘船還是原來的那艘船嗎？（這類問題現在被稱作「忒修斯之船」。）有些哲學家認為是同一物體，有些哲學家則認為不是。這個問題讓我們想到赫拉克利特那句著名的「人不能兩次踏入同一條河」。也就是說，事物每時每刻都在變化。按照這個邏輯，一成不變的「自我」實體是不存在的。

　　佛學對自我的認知與休謨的懷疑論有驚人的相似之處。佛教指出：「物我皆空，明心見性，識得自我，便可成佛。」換言之，在佛教看來，「我」是「空」的。但這裏的「空」不是簡單的「沒有」或「不存在」，而是與佛教哲學中的一個關鍵思想有關，即「依他起」，亦或「緣起緣生」（pratītyasamutpādpta）。人的「自我」是由佛教所說的「五蘊」構成，即五種集合物的構成體。「五蘊」中的「蘊」（skandha）字，含有種類、積集之意。第一種集合物稱為「色蘊」，指眼、耳、鼻、舌、身等感官組

與抽象的、超驗的思考不同，

食物的思考是關係的思考，

是在「他者」中構建「我是誰」的問題。

織。第二種集合物稱為「受蘊」，指各種愉快和不愉快的情緒感受。第三種集合物稱為「想蘊」，指攝取對象以及賦予對象名稱概念的作用。第四種集合物稱為「行蘊」，指意志等活動。第五種集合物稱為「識蘊」，指各種感知和認知作用。由此，所謂「人」或「我」，就是由這五種集合物的經驗構成，在此之外，不存在一個獨立的、超越的、抽象的、永恆的「我」。這就是佛學中常說的「無我」（anātman），不是說作為經驗的我不存在，而是說不存在一個獨立抽象的、同一性的、單一實體的「我」。從概念的角度而言，「我」只是方便之言。對於「無我」，佛教也會用「空」字來表達。說「五蘊皆空」，不是說五蘊不存在，而是說五蘊恆常處於「因緣和合」，同時也是在「無常變易」的性狀之中。換言之，「我」不是五蘊之一，也不是超越五蘊的甚麼別的東西，而是五蘊的共同運作的結果。

自我同一與主體建構

我很喜歡佛教中一個關於「自我同一」的寓言，比「忒修斯船」更有意思。在《彌蘭陀王問經》（*Milindapanha*）中，記載來自希臘的米南陀王（King Milinda）與佛教大師那先（Nagasena）的一段對話，討論米南陀王的「戰車」是甚麼：那先大師問米南陀王：「甚

麼是車？車軸是不是車？」米南陀王回答說：「不是。」那先問：「那車轂是不是車？」米南陀王回答說：「不是。」那先又問到車的其他部分（如車輞、車轅、車軛、車輿、車蓋），回答都是「不是」。然後，那先問米南陀王：「把所有的部分合聚一起是不是車呢？」回答：「不是。」「車輪滾動發出的聲音是不是車呢？」回答還是「不是」。「那到底甚麼是車呢？」米南陀王默默不語。最後那先大師引了一句佛經上的話：「佛經說：『合聚是諸材木，用作車因得車。』人亦如是。」這裏，佛教討論的不只是整體與部分的關係，而且是有關是否存在一個自我同一的「車」的「整體」（totality），或是說「車」的「本質」（essence）。佛教的回答是否定的，所以對「自我」和「人」的回答亦是否定的。在這裏，「一輛車」和「車零件的適當組合」是不同的概念。如果將「自我」看成一個可以分離的、超越的實體，可以獨立於構成它的某個特定的情景、思緒或感知，那麼這個「自我」（我＝我）一定是個「幻覺」。

但佛教與休謨的觀點一樣，並沒有否定經驗的「我」。恰恰相反，他們要把「我」從抽象的層面拉回人的感知，一個實實在在的經驗的「我」。用佛教「五蘊」的說法，我和食物的關係首先體現在眼、鼻、舌、身的感官上，然後我會產生愉悅（或不愉悅）的情緒，我會考慮食物的名稱，考慮我是否喜歡、是否想要多吃幾口。我會由於吃的經驗產生各種想法以及對食物和品味的認知。我還會意識到是我在吃，在感受，由此構成一個當下的

「我」。面對食物，「我是誰？我為何存在？」似乎不是難解的問題。在這個經驗過程中，「吃」與「被吃」產生具體的互動。

　　法國哲學家福柯（Michel Foucault）曾經說過：「把飲食作為生活的藝術來實踐……是將自己建構成主體的方式。主體對身體的考慮是正當、必要且充分的。」（福柯：《快樂的運用》）在與食物的關係中，我們也會問自己：奴役我們的是永不饜足的慾望，還是節制慾望的規範呢？我們會通過對食物的思考認識我們自己，認識我們的偏好、我們在食物上的「政治立場」、我們透過食物與他人的關係等等。巴吉尼在《吃的美德：餐桌上的哲學思考》一書中指出，人是會吃、會思考、會享樂的動物，所以吃也是可以是一種有情趣、有深度的思考。「食物既不是生活的工具，也不是最終目的。食物，是生活不可或缺的一部分。」

　　「告訴我你吃甚麼樣的食物，我就知道你是甚麼樣的人。」這句話很直白地告訴我們，飲食的行為不只是吃吃喝喝、打牙祭而已，飲食背後涵蓋了深刻的心理學、社會學、人生哲學的意義。飲食有階級的象徵、有個體的身份人體、有文化的集體無意識、有經濟和政治的左右。對哲學家來說，飲食是「食物意義與關係的思考」。這裏的「食物意義」不只是對食物的客觀表述和評判，而是主體意識和經驗的投射，是思考的藝術。與抽象的、超驗的思考不同，食物的思考是關係的思考，是在「他者」中構建「我

是誰」的問題。叔本華曾經說過：「能發現自己原來是一切快樂的泉源，就越能使自己幸福。」

話說思考的藝術，我想到一本哲學的暢銷書，名為《思考的藝術》（*Die Kunst des klaren Denkens*）。作者是瑞士學者魯爾夫‧杜伯里（Rolf Dobelli）。這是一本工具書，教授讀者如何清晰、縝密地思考，書名的副標題是「52個非受迫性思考錯誤」。其實，我們每個人在思考中都會犯錯誤，掉進思考的陷阱。在哲學中，我們常常會講到各種「邏輯謬誤」（logical fallacies），如分割的謬誤、歧義的謬誤、滑坡的謬誤、稻草人的謬誤、循環論證的謬誤等。讓我們以笛卡爾的「我思故我在」為例。如果這句話的邏輯是：「我思考」，「所以我存在」，這裏就是一個循環論證，即在論證前就已經預設了結論的成立。前提已經知道我在思考，這已經假設了我的存在。「我是誰？」這一哲學問題可以是認識論的問題，也可以是存在主義的問題。從認識論的角度來說，「我是誰？」預設了一個「我」的存在和認知「我」的可能性。笛卡爾的「我思故我在」實際上是把「我」作為哲學的中心。唯有探究世界在我的思想前面展現何種面貌，才能發現世界的本質。換言之，笛卡爾的認識論的大前提是：要知道我是誰，只有透過我的思想。這一觀點被稱作「笛卡爾式」（Cartesian）的思維方式。

飲食中的自我構建

　　「存在主義」哲學（Existentialism）是與「笛卡爾式」的「我思故我在」相反的思維方式。存在主義認為「我在故我思」，即「存在先於本質」。這個「存在」包括我的經驗、我的意識、我的感受、我的行動。薩特說：「在某些概念被定義之前，必須先有某種存在實存，那就是人類。」（薩特：《存在主義是一種人文主義》）因此，存在主義首先強調存在的自覺：「我」的存在，是先於一切的預設的條件，是存在的經驗。存在主義者認為再完美的理論不能代替實際的人生，而這個實際的人生是自由選擇的結果。那麼從存在主義的角度來說，「你就是你的食物」的意思是「你就是你選擇的食物」。也就是說，我們選擇的食物構建了我們的「自我」，因此，透過飲食所表現的那個「我」是自由和自創的。同時，因為自我是選擇的結果，我們對此要負道德的責任。英文中有一句：「You are what you eat」，意指吃進甚麼樣的食物，就決定甚麼樣的身體。由此，各式營養學家會站出來，告訴人們甚麼樣的食物搭配是最合理的，提出健康飲食的幾大原則。而中國傳統的「食療法」會說：你的食物就是你的藥方。其實，西方醫學之父希波克拉底（Hippocrates，公元前460-前377年）也有類似的說法。他有一句名言，「讓食物變成你的藥，讓藥變成你的食物」。可見食物與健康的關係，是一個古老的話題。

法國人的浪漫，大概也是吃出來的。沒有中世紀就流行的砂鍋燉肉（cassoulet），浪漫的騎士文學（騎士抒情詩、騎士傳奇）也不會那樣的爐火純清，讓「romance」（浪漫）一詞大放異彩。這種法蘭西精神也體現在法式牛扒上：法式 onglet 講究醬汁，配上鵝肝、松露牛肉汁，或是更為大眾化的烤馬鈴薯。法國符號學家羅蘭·巴特（Roland Barthes）在他的《牛扒與薯條》（*Steak and Chips*）一書中，首先闡述牛扒與紅酒的神話符號，指出它們是「存有」（being）的心臟，能夠賦予食者「牛一般的」元氣。在視覺上，牛扒一定要半生的，流着紅紅的鮮血──這可是生命的象徵啊！血的流動（the flow of blood）意味着生命的流動（the flow of life）。巴特指出，薯條是「法蘭西的飲食符號」。不過根據歷史上考證，是西屬荷蘭人（當今的比利時人）將馬鈴薯從南美引進歐洲大陸的，為了爭奪薯條的始創國，比利時和法國已經爭拗了幾百年。

　　美國的薯條依然稱作 French fries（法式炸薯條），而不是英國人所說的 chips，雖然蘸茄汁的習慣或許是美國人自己發明的。我想，美國人是想在法式炸薯條中尋找法蘭西的浪漫。當然，美國人一旦同法國人鬧起彆扭，也就顧不上甚麼浪漫不浪漫了，「法式炸薯條」直接就會被「自由炸薯條」（liberty fries）的稱呼所取代。還是麥當勞會做廣告：不同形狀的薯條在你面前舞動，讓你感覺到，薯條雖小，卻蘊藏了宇宙的終極真理。所以，有學者指出：你

和哲學家的差距，只是一包薯條而已。

　　注意食物消費的學者，則更注重食物背後的政治、文化因素對消費者自我構造的影響。他們認為，在以大規模消費為特徵的消費文化中，食物已經成為具有實體的符號，是一種文化生命的體現。就食物消費的認同，新西蘭學者朱莉婭娜·曼斯威爾特（Juliana Mansvelt）指出，「消費是一種媒介，人們透過消費創造和表達他們的認同。」（Mansvelt: *Geographies of Consumption*）即食物消費的實踐構建了消費者與食物特性的認同，因此，食物除了滿足我們的日常生理需求外，還帶有社會和文化的意涵。的確，我們常常看到人們透過食物或飲食習慣顯示某個社會地位，或說明某個群體的歸屬感。

也就是說，我們選擇的食物構建了我們的「自我」，因此，透過飲食所表現的那個「我」是自由和自創的。

在《文化地理》（*Cultural Geography*）一書中，英國學者邁克‧克朗（Mike Crang）探討食物消費行為中的群體身份認同，即食客如何透過食物消費，確認「我們是誰」的問題。克朗舉例說明英國和非洲之間食物生產和消費實踐，如風味餐館、郵購服務，可以反映英國消費者群體的身份認同，由此帶出「我」與「他者」的分別。所以，我們可以說，食物的自我構建有時是個體的，有時是群體的。但無論是個體還是群體，這裏的「我」或者「我們」，是一個生活世界的具體，而不是形而上的抽象。當然，「我」或者「我們」也可以是個幻象，只是經驗的某種投射和感覺。

當然，隨着一些人對當下全球化的不滿，出現了「全球在地化」（glocalization）的說法。表現在食物生產和消費上，就是強調「在地化」。其實，這個問題在《食物探險者》一書中也有所涉及。當植物學家弗萊查爾德試圖將外來的植物進口到美國時，他的做法也受到很多人的質疑和抵制。當今，有些學者提出「地理就是味道」（Geography is a flavor，這句話原指咖啡的不同味道），建議恢復食物原有的社會生產關係，如當地的農場和農民。「在地化」主張人們透過飲食體驗當地的文化，以及其背後的故事和記憶。這一參與的過程，是建立關係的過程，也是自我認知的過程。

值得注意的是，因為人在選擇中不斷地構造自我，「我」的存在不是一個封閉的體系，而是不斷變化的主

體。自我不是 being（本質之人）而是 becoming（生成之人）。法國哲學家吉爾・德勒茲（Gilles Deleuze）曾經提出「生成女人」（becoming-woman）這個概念，其意涵是相似的。也就是說，性別的認同與其說是本質決定的，不如說是來自社會和文化的構建。與此同時，生成意味着捨棄。正如福柯所言：「哲學生活是甚麼？那是導致必須放棄某些東西的特別人生。」（福柯：《主體解釋學》）構造自我是動態的生活模式，意指不斷地重組及改造。在這個過程中，我們常常必須捨棄某些東西。用佛家的話來說，就是不要過於執着。

自我不只是感受同一，而是不斷地感受差異，飲食經驗不也是這樣嗎？

近年頗有名氣的美食大師陳立先生在《滋味人生》一書中指出，我們對食物的感悟，其實更多的是透過食物去發現和感知我們自身。滋味人生，不一定是追求美味，但一定要追求明白。

陳立說：吃，是一場漫長的自我抵達 —— 說得真好呀！

女性主義
與
飲食研究

......

飲食研究與性別研究

兩年前，我在一個哲學網上偶見加拿大婦女哲學家協會一個會議徵文，主題是女性主義與食物（Feminism and Food）。其中列出一些具體的標題：如食物正義、在地食物、飲食倫理、好客、女性主義烹飪、節食文化、食物認知、文化批評、女性、食物與媒體和市場等等。顯然題目範圍廣泛，已超出傳統哲學的研究範疇，至少是屬於跨學科的研究。長期以來，學術界並不關注食物或飲食的問題，認為這類問題屬於營養學研究的範疇，與人文學科，尤其是哲學沒有甚麼關係。至多是人類學學者以「原住民生活習俗」的內容提上一兩句，再做一個民俗學的解釋。但這種情況在上世紀 80 年代有所改變，學者開始意識到，食物是一個主要的課題。1985 年，期刊《食品與美食之路》（*Food and Foodways*）問世。這是一個跨學科的食物研究學期刊。2000 年，《美食家》（*Gastronomica*）創刊，將食物研究的風尚推向新的高潮。這類對物質文化與日常生活的探討，也符合後現代主義的潮流。

近幾年女性主義思想家對食物的研究情有獨鍾，這是意料之中的事情。首先，食物研究長期不受重視，因為飲食之事被主流思想看作是微不足道；其二，飲食等議題都是與身體有關的話題，而傳統哲學重視精神（思維）、輕視身體（胃）；其三，主流哲學研究的對象是哲理而非實踐，尤其是烹飪這樣的實踐活動；其四，生態女性主義

關注生態環保議題，自然也就關注綠色飲食議題；其五，食物與情感和人倫關係密切相關。實際上，女性學者對食物研究的興趣，在上世紀 70 年代的女性研究中已顯露端倪。儘管如此，從女性主義的角度審視食物研究的學者並不多。一些相關的研究也側重於女性在飲食上的病態研究，如厭食症、暴食症等以及其他形式的飲食紊亂症。至於烹飪方面，研究人更少，因為女性烹飪和廚房結合在一起，這往往被女性主義者看作是社會父系制度的表現。

由於食物研究的早期學者大多是研究人類學（anthropology）或民誌學（ethnography），他們的研究對後來的學者有極大的影響。最著名的兩位當屬法國人類學學者李維史陀（又譯克洛德‧列維 - 斯特勞，Claude Lévi-Strauss）和英國人類學學者瑪麗‧道格拉斯（Mary Douglas）。李維史陀有「現代人類學之父」的美譽。他所建構的「結構主義」與「神話學」不但深深影響人類學，對社會學、哲學和語言學等學科都有深遠影響。「結構主義」（structuralism）側重對結構的認識，提倡學科之間互通有無，以及一種整體的科學。要求研究者透過表面的現象（如遠古神話故事），尋求底層的內在的交互關係，以尋求一個普遍的結構體系。在《生食與熟食》（The Raw and the Cooked）一書中，李維史陀從「自然」與「文化」兩個角度談到人類飲食的發展結構。道格拉斯的《純淨和危險》（Purity and Danger）揭示在不同文化脈絡下，「污穢」和「禁忌」的意涵以及這樣的概念對女性的影響。道

格拉斯用猶太《聖經》中的〈利未記〉和〈申命記〉為例，說明猶太律法並非如同許多人相信的，是原始的健康規則，或是隨機選擇的，而是一種界線的維持和身份認同的象徵。靠律法所完成的食物「禁忌」，實際上是「我」與「他者」區分的手段。《純淨和危險》一書至今被認定為社會人類學的重要文本。如果說李維史陀的結構主義讓哲學界擺脫了當時邏輯實證方法的壟斷地位，道格拉斯的研究則清晰地展示了人類與食物的關係。二者從不同的角度為後來女性主義的食物研究奠定了基礎。

在華語世界的食物研究中，我們能夠看到道格拉斯的影響。譬如，臺灣學者林淑蓉，以民誌學和性別研究為理論出發點，探討少數族裔侗人的食物與性別意象。文章指出，在侗人的傳統習俗中，社群的性別關係（the relation between the sexes）和性別的界定（gender definitions）都常常與食物有關。透過對「食」的研究，我們可以找尋當地社會關係的一個重要的脈絡，探討一起進食的成員如何分享食物、有何特殊的品味與價值觀。作者特別談到一個細節，就是按照侗族習俗，不同的食物具有不同的性別象徵意義。如花生與稻米的差異：屬於女性的「花生」意象可以共作、共食，但卻不可用來交換；反之，「稻米」卻屬於男性，是婚姻交換時重要的食物禮物，屬於男性範疇的食物還包括魚類和肉類。林淑蓉接受道格拉斯有關食物禁忌的論點，指出侗族食文化也用禁忌規範族群的行動，類似的行為規範的陳述亦表現在侗人的神話、侗歌、宗教

儀式之中。（林淑蓉：〈個人的食物與性別意象：從日常生活到婚姻交換〉）另一位臺灣人類學學者張珣在一篇名為〈食物與性別〉的論文中，詳盡介紹了臺灣學界從女性主義和性別研究探討飲食文化的現狀。張珣本人的〈文化建構性別、身體與食物：以當歸為例〉也是一篇相當精彩的論文。

另外，一位香港學者、亦是我在浸會大學的同事——譚迪詩博士，是位文化研究學者，主攻的課題涉及人與食物的關係。近幾年，譚博士一直致力於研究香港的食物制度和政策，並希望藉此研究，改變食物制度中存在的諸多問題，如食品的安全、食物的浪費等等。譚博士研究的特點是「接地氣」，走出校園，走進普通市民的生活，而非在象牙塔內閉門造車。最近，譚博士又開展從「剩食」到「救食」的慈善活動。在此活動中，有數十位義工參與，每次活動收集來自香港 25 家店鋪約 300 個麵包。譚博士的食物研究雖然不是直接從性別研究入手，但卻反映了一位女性研究者的特殊視角，即「關懷倫理」（ethics of care）的視角。

「完美的沙拉」

1986 年，南非古典學學者瑪格麗特・維瑟（Margaret Visser）出版了《一切取決於晚餐：平凡食物背後的奇聞

異事》（*Much Dependent on Dinner: Extraordinary History and Mythology*），這是一本極為暢銷的學術著作。維瑟在出此書之前，已經是小有名氣的美食專欄作家。她從歷史與文化的維度，解釋為甚麼人們每天需要花費時間考慮食物的問題。從社會文化的層面來看，我們選擇甚麼樣的食物、如何製作食物、如何飲食、和誰一道用餐，都體現一個社會的傳統習俗和文化特徵。維瑟認為，食物代表了「日常生活人類學」。另一位美國著名的美食女作家是 M.F.K. 費雪（Mary Frances Kennedy Fisher），她是美國美食界的明星人物，被稱為當代美食文化的一個「傳奇」，身後諸多寫飲食類的作者都追隨她的寫作風格。費雪本人並非學院派的學者，而是美食的踐行者，但她的美食散文作品充滿了人生的智慧與關愛，受到橫跨歐美兩陸讀者的喜愛。費雪有句名言「既然我們每天非得吃才能活，索性我們就要吃得優雅、吃得津津有味。」（Fisher: *The Art of Eating*）費雪對中國美食也不陌生，喜歡用蠔油作為漢堡的調味，還在書中提到她最喜歡的中國作家是林語堂。估計她的 *The Art of Eating*（《飲食的藝術》）一書是受到林語堂 *The Art of Living*（《生活的藝術》）的影響。在費雪的筆下，「飲食變成了生命哲理，也是生命的華麗胃口」。

在出版《一切取決於晚餐》的同一年，美國《新聞周刊》的專欄作家及食物史學家勞拉・夏皮羅（Laura Shapiro）出版她的新書《完美的沙拉：世紀之交的女性和烹飪》（*Perfection Salad: Women and Cooking at the*

Turn of the Century）。從書名便知，這是一本書寫美國女性歷史的作品。19 到 20 世紀之交，正是「家政科學」（domestic science）和「家居經濟學」（home economics）在美國流行之際。家庭主婦們準備每一道餐都要做到精心的計算和規劃——這就是「完美的沙拉」所要表達的意涵。夏皮羅認為，家政科學是提高女性社會地位的一種方式，因為管理家務，包括烹飪都是一門學科，需要相應的知識與技能。書中有一章節詳盡介紹 19 世紀末，婦女參加各種烹飪學校的訓練班，進行嚴格的烹調技術的培訓。作者認為，書寫女性與食物的關係對女性史和食物史都至關重要，而且，這兩個角度的歷史書寫對各自的歷史擴展都有不可無視的積極作用。

2017 年，夏皮羅又出版了新書，題為《她之所食：六位傑出女性以及講述她們故事的食物》（*What She Ate: Six Remarkable Women and the Food That Tells Their Stories*），其中涉及女性、飲食、藝術、人生等話題。書中的六位女士分別是：多羅西・華茲華斯（Dorothy Wordsworth，1771-1855），英國浪漫派詩人威廉・華茲華斯的妹妹；羅莎・路易斯（Rosa Lewis，1867-1952），英國廚師，倫敦卡文迪什酒店的老闆；美國總統羅斯福的夫人愛蓮娜・羅斯福（Eleanor Roosevelt，1884-1962）；伊娃・寶拉（Eva Braun，1912-1945），希特勒的情人；芭芭拉・皮姆（Barbara Pym，1913-1980），英國戲劇女作家；海倫・布朗（Helen Brown，1922-2020），美國時

尚雜誌《大都會》編輯,也是著名美劇《慾望城市》(*Sex and the City*)的編劇。透過這六位性格各異的女性以及她們與食物的關係,夏皮羅試圖證明「食物會說話」,也就是說,食如其人。

1998年,一本女性食物研究選集出版,題為《透過廚房窗戶》(*Through the Kitchen Windows: Women Writers Explore the Intimate Meanings of Food and Cooking*)。編者是阿琳·阿娃坎(Arlene Avakian),一位美國的女性研究學者。阿娃坎將一些美國女作家的散文、詩歌以及女性食譜集結在一起,體現女性與食物的關係。從選集中的作品,我們可以看到女性對食物的看法是多元的,而不同女性對食物的回憶也和她們不同的生活經歷相關。其中印象深刻的有勞瑞塔·波格列賓(Loretta Pogrebin),作家和記者茱莉·黛許(Julie Dash),作家和電影導演馬雅·安傑洛(Maya Angelou),詩人和社會活動家以及朵洛西·艾利森(Dorothy Allison),一位頗有名氣的拉拉作家。

弗朗索瓦·薩班(Francoise Sabban)畢業於法國國立東方語言與文明學院,是位著名的食物文化學研究學者。她研究的主要領域是中國飲食史、中國社會生活史以及歐洲烹飪史。她亦是《劍橋世界食物史·中國卷》的撰寫者,近年來曾多次到中國內地講學,發表有關中國食物史的論著包括《近百年中國飲食史研究綜述(1911-2011)》、《味道和色彩:14世紀歐洲與中國宮廷飲食比較》、《食物史專家是否有助於理解孔子?——基於〈論語〉外

文譯本的思考》以及《基於他人的經驗：19 世紀中國和歐洲旅者關於外國食物實踐的概念》。薩班指出，《論語》中「食」一字出現了 40 次，可見孔子本人對飲食的重視。薩班認為，用飲食和與食相關的禮儀闡述哲學和倫理道德，是孔子思想的一個主要特色。

顯而易見，「走進廚房」還是「走出廚房」，這種二元對立本身就是錯誤的。

又見「廚房革命」

全球化語境下的女性食物研究的注意點往往與食物政治和食物倫理有關，譬如，如何看待後殖民的食物身份認同、如何從食物的全球性交換看同構食物的命運共同體、食物安全與交換正義等等。代表著作有加拿大學者黛博拉・巴特（Deborah Brandt）編輯的《工作在 NAFTA 食物鏈上的女人：女性、食物和全球化》（*Women Working the NAFTA Food Chain: Women, Food & Globalization*）。書中的論文涉及南美洲和北美洲在「北美自由貿易協定」下食物鏈交換中的不平等（如番茄從墨西哥的田地到多倫多的食品超市），以及這種不平等給女性帶來的社會和經濟的壓迫。全球化中的「麥當勞化」（MacDonaldization）利用效率化、預期化、技術的量化等操作模式更加深了發達國家與發展中國家之間的差異，其中包括薪金待遇、勞動條件、男女地位等等。作者試圖指引一條新的路徑，即女性如何生產（produce）、抗拒（resist）和再創新（re-invent），以求重新找回正在喪失的傳統食物（家常菜）以及女性與食物的親密關係，以擺脫快餐食品所導致的去「人性化的」工業化生產模式。女性學者對快餐食品的質疑，也導致她們對重回廚房的思考。

女性主義學者並不是號召天下女人都要重新回到廚房，但與早年爭取平權的「激進女性主義」不同的是，現代的女性主義更強調生活的自然和平衡。在飲食的習俗

上，「煮」與「食」的脫節現象更讓她們擔憂。所以一些女性主義學者主張新的一場「廚房革命」，改變許多大城市在年輕人中流行的「新丁克」（DINK，double-income-with-no-kitchen）的家庭。有意思的是，在是否要下廚房這個問題上，較為保守的女性與較為自由的女性有了共識。

羅西・博依科特（Rosie Boycott）是英國一位資深媒體人和食品專家，是「倫敦食品委員會」負責人。近年來，博依科特打出「食品戰略」，號召人們盡量在家做飯，不吃外賣飯菜和速凍食品，養成健康的飲食習慣。她說，今天的狀況是，人們不再有時間、有空閒、有耐心在家仔仔細細煮一頓飯。「自從女性可以自由發展事業、在職場尋找工作機會以後，她們第一個放棄的就是家務活，包括煮飯。今天的職業女性沒時間去買、洗、切、煮好一頓正經的家常飯菜，這是事實。」（〈食品專家稱：女權主義使所有人發胖！〉轉載《每日頭條》，2007年，6月5日）作為上世紀70年代創辦女權雜誌《備用肋骨》（Spare Rib）的博依科特，說出上述這番話，令人尋味。當然，今天的「廚房革命」是對當年號召女性走出廚房的極端思想的顛覆，今天建議女性回到廚房，其宗旨當然不是把女性重新束縛在爐灶旁。顯而易見，「走進廚房」還是「走出廚房」，這種二元對立本身就是錯誤的。

從哲學的角度來看，女性主義哲學最顯著的論點就是打破傳統哲學的二元對立觀，回到人的身體、人的感官、人的情感。麗薩・赫爾德克（Lisa M. Heldke）是近年來

較為活躍的一位女性主義哲學家，主張食學思維，寫過不少與食物相關的論文和編輯的書籍。她將烹飪稱之為「身體的知識」（bodily knowledge），也就是中文中所說的「體驗」。赫爾德克認為，身體的知識雖然可以用理論的方式來傳授（如依照菜譜去做某道菜），但很難掌握知識的精髓。另外，如果有大師親手（hand-on）指點，效果也有所不同。在其《餐桌上的哲學家 —— 食物與人類》（*Philosophers at Table: On Food and Being Human*）一書中，赫爾德克從解構傳統西方哲學的二元論開始，對食物研究進行重新的評估。同時，她提出「食物的社會和政治的肉身化」（social and cultural embodiment of food），即注重食物背後的消費文化以及生態考量。

　　基於對「同一」的質疑，女性主義哲學更注重本體論多樣性（ontological heterogeneity）以及各類關係的複雜性（complexity of relationship），探討主體的複雜性、多重性與不確定性。由此，女性主義哲學與強調「差異」（difference）的後結構主義思潮，有不少重疊之處。與此同時，女性主義哲學注重身體、注重實踐、注重變化，也就是德勒茲所說的「活力運動」（vital movement）。

　　食物可以構造身份，亦可構造性別。

chapter

22

飲食哲學

「食物的轉向」

　　近年來，食物研究（food studies）在西方學術界成為一門顯學，研究範圍廣泛、議題多樣。哲學家當然也少不了湊個熱鬧，「飲食哲學」（culinary philosophy）隨之也成為「應用哲學」（applied philosophy）的一個分支。然而，按照西方學界的傳統，一門研究領域一旦有個「應用」的名稱，就似乎有「掉價」的嫌疑，因為不夠「純」了。在傲慢的哲學領域更是如此，不少人認為任何applied（應用的）東西都是對純理論的「褻瀆」，是對「知性的有效性」（intellectual validity）的退讓。近年來，這種傳統看法受到挑戰，我們在各個學術領域看到一種「食物的轉向」。而這一轉向的背後是身體的轉型，是對貶低身體、疏遠身體，將之視為工具的批判。

　　美國歷史學者李切爾・勞丹（Rachel Laudan）就此寫過一篇文章，〈飲食哲學：裝腔作勢還是其他甚麼？〉（*Culinary Philosophy: Pretentious or What?*）文章指出，長期以來，不少學者輕視食物的歷史，而哲學更成為少數人的學術遊戲，對人生的具體問題不屑一顧。勞丹則認為，「飲食哲學界定何謂食物、食物與人類社會的關係、食物與自然的關係（包括人的身體）以及食物與超自然的關係。我們無法把握烹飪的歷史，如果我們不談歷史上與此相關的思想家所傳達的價值和觀念，如孔子、柏拉圖、亞里士多德、羅馬共和黨人、馬克思、佛祖釋迦牟尼、耶

穌、羅馬教父、穆罕默德、加爾文、路德、道教、希波克拉底、蓋倫、帕拉塞爾蘇斯以及當今西方的營養學家。」勞丹在這裏列舉了一系列在西方文明史上主要的哲學、神學、政治改革家等，說明食物是研究西方思想史一個不可缺少的環節。

　　勞丹在其頗有影響的《烹調與帝國：世界史中的烹飪》（Cuisine and Empire: Cooking in World History）一書中，進一步指出，「飲食哲學」包含社會的政經因素、宗教信仰以及人類本身與生活環境的互動。與此同時，飲食的歷史向人們展示飲食的風俗及相關的詮釋常常會受到上層精英的影響。所謂的上層精英包括歷史上的哲人、宗教領袖和改革者。《烹調與帝國》一書時間跨度很大，涵括從遠古時期一直到 21 世紀的世界飲食史，涉及歷史上幾個主要帝國統治下飲食方式。作者認為，「飲食哲學」於人類飲食文明的發展極其重要，它的研究範疇包括食材取得方式、食物烹飪和保存方式、營養與衛生知識，食物品饌方式以及與食物相關的思維方式和族群身份認同方式。書中提到兩種共存但又不同的飲食方式：「高雅飲食」（high cuisine）和「低俗飲食」（humble cuisine）。前者是帝國統治階層和精英階層的飲食方式，其特點是講究食材的選取、烹飪的技巧和用餐的禮儀；後者則是其他社會階層百姓的飲食方式，其特點是食材普通、烹飪方式簡單，不注重用餐禮儀。由此可見，傳統飲食方式具有明顯的「階級特性」。

另一方面，勞丹用了大量的篇幅討論宗教對飲食方式的影響，從早期波斯的拜火教、到西方的基督宗教、東方的佛教、再到中亞和西亞的伊斯蘭教，以及這些不同宗教背後的政治因素和經濟因素。其實，作者是透過食物的種類、飲食方式及宗教祭祀的方式對世界各個宗教的發展歷史和演繹進行分析和詮釋。無疑，這個角度別具一格，令人耳目一新。但從哲學思想史的角度，作者的分析似乎還是不夠清晰。譬如，食材和烹飪方式的改變如何影響了思想的革新？或思想的革新如何改變飲食習慣和烹飪方法？

　　有個有趣的例子 —— 中國在明清之際與「耶穌會」的文化碰撞與交流。明末有大量的耶穌會士來華傳教，對當時的中國社會產生了重要的影響。耶穌會（Jesuit）是在歐洲天主教改革中出現的一個宗教會眾，重視文化素質的培養和教育，常被稱為「基督教人文主義者」。在當時的歷史情境中，他們一方面帶來西方的天文學、地理學、生物學、醫學、數學、哲學、語言學、藝術等知識，另一方面通過本土化的方式傳播天主教的宗教思想。耶穌會著名的三位傳教士是利瑪竇（Matteo Ricci，1552-1610），湯若望（Johann A. S. von Bell，1591-1666），南懷仁（Ferdinand Verbiest，1623-1668），這三位傳教士都為中西的文化交流作出了突出的貢獻。當時宋明理學是中國社會的主流意識形態，雖然對社會的治理和教化有其積極的一面，但也存在思想僵化、學風空疏的弊端，特別是其「華夷觀」，更凸顯「天朝夢國」中獨尊自大的毛病。西

方傳教士的到來，為「西學東漸」提供了時機，耶穌會走「上層路線」的傳教方式也受到中國文人的歡迎。與此同時，耶穌會士也把博大精深的中華文化（包括儒家思想、科舉制度）比較系統地介紹到歐洲，在西方世界的啟蒙運動中掀起了一場「中國熱」的風潮。

西人眼中的中國飲食

但根據勞丹研究，中國歷史上這場主要的文化交流並沒有影響到飲食的方面，無論是西方影響中國還是中國影響西方。這與阿拉伯文化和伊斯蘭教對西方飲食的影響有所不同。明清之際，茶文化開始在西方流行，但引進的是茶葉，而不是中國的茶文化。最早向西方人詳盡介紹中國飲食的法國耶穌會傳教士白晉（Joachim Bouvet，1656-1730）。在白晉的筆下，中國達官貴人的宴席極為奢侈，一個宴會通常有 20 道佳餚。

另外，傳教士認為中國人喜歡吃一些稀奇古怪的食品，如蛇肉、狗肉、鹿鞭、熊掌，這些在西方人看來都是難以接受的飲食習慣。流行於 17、18 世紀的歐洲的「中國熱」雖然對中國儒家文化熱捧，但這一文化中卻沒有中國的飲食文化。來自美食之鄉意大利的傳教士利瑪竇對晚明時期中國的飲食習俗也有過詳盡的記述，尤其是對精美的瓷器、筷子贊不絕口。利瑪竇在《中國札記》中對中國

食品的花樣之多大為驚詫，同時也提到不同宗教信仰的飲食禁忌。利瑪竇在《札記》的第一卷第三章〈中華帝國的的富饒及其物產〉和第七章〈關於中國的某些習俗〉中詳盡描述中國人日常的食品，包括主食、豆類、肉類、魚類、蔬菜、水果等。同樣的描述後來也出現在另一位美國傳教士切斯特‧霍爾科比（Chester Holcombe，1844-1912）的書中《真正的中國佬》（The Real Chinaman）:「中國人的飲食文化豐富多彩，每一道菜都更具特色，與西方的飲食習慣迥然不同。主人與客人之間的禮儀應答、推杯換盞等形式，也與西方的做法千差萬別。」

與利瑪竇同時期的葡萄牙傳教士試圖將葡萄牙文化與宗教一起傳給中國人，包括衣食方面，但並不成功。葡萄牙耶穌會的傳教士謝務祿（Alvaro Semedo，1585-1658）在中國傳教，最後還是離不開談論中國的飲食。在他的筆下，中國人花大量的錢財和時間舉辦宴會，無論是喜事還是喪事。（謝務祿：The History of That Great and Renowned Monarchy of China《大中國志》）但他畢竟對這些飲食文化背後的社會功能缺乏深刻的認識。後來的傳教士終於把葡萄牙的飲食文化帶到澳門，如牛尾湯、乾酪火雞、里昂灌腸、葡國雞、奶酪及各式糕點。與明清時期的中國內地相比，在澳門的「葡萄牙化」算是成功的。實際上在明清之際，傳教士們帶來的西方的科學技術以及文化對中國的影響很有限，正如中國的食品對他們的影響也很有限。當時的交流還是停留在相關展示的層面，沒有能

夠在根本上改變對方的思維方式。透過食物相互構建、相互滲入，並沒有在中國與傳教士之間發生。儘管如此，我們還是看到，食物展現多種情感價值，如關注、認同、接受、友情、地位、名譽、權力等等。

食物作為精神食糧

美國哲學家伊麗莎白・泰爾弗（Elizabeth Telfer）的《精神食糧》（*Food for Thought: Philosophy and Food*），是一本圍繞食物鏈倫理的話題展開的學術之作。她認為飲食不僅僅是為了生存，也不僅僅是為了快樂，而是包涵人生價值的性質，如自主性的選擇、與他人的關係、友誼與好客、人道救濟的責任、審美判斷等等。在義務論結果論的規範倫理以及美德倫理的框架下，泰爾弗對食物倫理與道德加以論述。有意思的是，書中有一章專門談論有關「熱情好客」（hospitableness）的話題。泰爾弗是針對英國哲學家菲利帕・福特（Philippa Foot）就「熱情好客」是否可以看作一種美德這個問題來探究的。在我們中國人的傳統文化中，熱情好客的確是一種美德，而且好客的表現就是請客人上桌。特別是有朋友從遠方來訪，不擺上一桌子豐盛的美食，怎麼可以說得過去？

但泰爾弗所說的「熱情好客」不只是對親朋好友，而是對陌生人。她把「熱情好客」分為三種類型：娛樂性

的、禮節性的、純粹的利他的。第一種常見於親友之間，第二種往往處於社交的需要，而第三種是無條件的好客，是對陌生人的關懷。在第三種中，一個人的意願（樂於助人）大於能力（提供優質的服務）。這讓我想到法國哲學家雅克·德希達（Jacques Derrida）也針對法國對待移民問題提出兩種「好客」（hospitality）的態度，一種是有條件的好客，一種是無條件的好客。在德希達看來，如果好客被當成一種「權利」（right）的話，那麼就不存在任何所謂的無條件的好客。但泰爾弗認為「hospitableness」與「hospitality」有所不同，前者來自於基督教的神學思想，更強調博愛和關懷的美德，後者涵蓋某種技能，譬如主人（the host）的烹飪技術、招待賓客的方式。

由弗里特茨·阿爾郝夫（Fritz Allhoff）和達維·夢露（Dave Monroe）主編的《食物與哲學——吃、思、樂》（*Food and Philosophy: Eat, Think, and be Merry*），從不同的角度闡述食物作為精神食糧的觀點。內容包括基於實證的心理分析，也包括哲學義理上的探討。其中一章節是討論「可吃的藝術和審美經驗」（Edible Art and Aesthetics），提出「飲食是否可以被看作是一種藝術」這一問題。幾位作者都指出，飲食既是生理的需求，也是文化的體驗；文化包含了審美的層面，亦包括倫理的層面。另一本屬於「飲食哲學」類的書是《烹飪、飲食、思維：食物之轉型哲學》（*Cooking, Eating, Thinking: Transformative Philosophies of Food*），該書的編輯是兩位

研究食物與飲膳的本質是研究人的體驗、感受、成長、重組及改造。

美國哲學教授迪恩・柯汀（Deane W. Curtin）和麗薩・赫爾德克（Lisa M. Heldke）。作者開篇論述食物與身體和人格的關係，並引用尼采提出的問題：人是否知道食物的道德作用？是否有一樣東西可以稱之為營養哲學？柯汀指出，如果我們可以嚴肅地對待尼采的問題，那麼這樣的問題具有哲學轉型的意義。尼采心知肚明，為甚麼西方傳統哲學避而不談食物的問題，因為食物與味覺有關、與感官有關、與身體有關。柯汀認為，西方傳統哲學對「能給存在點彩」的東西都無興趣，也就是說，哲學家的職責不是為生活增添情趣／調料（add spice to life），而是把具體的生活事件抽離出來，成為沒有具形、沒有時間的抽象理論。由此，當哲學家思考時，他們常忘記自己的身體，特別是進食時身體裏累積的東西。其實，並不是哲學家都不喜歡食物，但當他們酒足飯飽後，進入到冥思之時，所有的關於食物的經驗早已拋擲腦後，因為在他們眼裏，那些事情不足掛齒。

在柏拉圖的哲學體系中，柏拉圖讓蘇格拉底這樣地自我拷問：你覺得讓哲學家考慮飲食這樣所謂感官快樂的事情合適嗎？（柏拉圖：《柏拉圖對話錄・斐多篇》）柏拉圖同時提到性的歡愉、穿戴漂亮衣服、鞋子以及其他飾品的快樂。答案是，真正的哲學家鄙視這種感官的愉悅。在柏拉圖眼裏，感官的愉悅意味着精神和心智的頹廢。他說，讓靈魂「遠離身體，盡可能地保持獨立。在靈魂尋求真理的過程中，避免所有可能的身體的接觸」。由於死亡意味

着靈魂徹底與肉身解脫關係，柏拉圖認為哲學家都是滿心歡喜地迎接死亡的降臨。由此，我們看到柏拉圖在《理想國》中所描繪的哲學王以及知識精英，都力圖擺脫身體及感官經驗的束縛，他們希望走出被捆綁的洞穴，迎接洞外的太陽——那個「至善的理型」（the Form of the Good）。在柏拉圖的哲學體系中，「至善的理型」是永恆不變的真理，是一切道德和知識的源泉。

克服身體與心靈的二元思維

柯汀指出，柏拉圖有關靈與肉的二元對立，用當代德國法蘭克福學派哲學家狄奧多·阿多諾（T. W. Adorno）的話來說，就是「同一性邏輯」（the logic of identity）。根據這一邏輯，所有經驗世界的認知最終都必須簡約為思維上的預先確認，這個預先確是費時間的、絕對的。柏拉圖同一性思維的基礎上二元論（dualism）：理型 vs. 表象、靈魂 vs. 肉身、精神 vs. 感官、善 vs. 惡、理性 vs. 感性、自我 vs. 他者等等。這種二元思維也充分體現在哲學家對飲食的態度，即在價值上的本體分類：一類是獨立的、實體的、正面的；另一類是附庸的、非實體的、負面的。飲食哲學直面人的身體、人的慾望（包括對食物的慾望）、人的經驗、人與食物的關係、人與他人的關係。飲食哲學的目的是「拯救」我們對感官世界的認知，而主體

在認識上的決定性地位是經驗的，而不是形式的。傳統哲學由於過分注重形式層面而造成了「同一性邏輯」，導致了主客體關係在個體主體層面上的破裂、變形，由此導致個體的主體被先驗主體所建構。

我們應該與食物建立甚麼樣的關係呢？柯汀指出，所謂的「關係」可以說兩種：一種是「參與性的」，另一種是「客體化的」。以自主的、獨立的個體為基礎的自我構建是將食物客體化，即食物是我消費的對象，是我之外的「他者」；作為「他者」，食物的唯一意義是為作為實體的「我」服務（如充飢、補充營養）。而「參與性的」的關係與「客體化的」關係有所不同。在這個關係中，主體的「我」不只是以自主獨立的、一成不變的個體，而是一個開放的自我，其中「我」的意義是在關係中建構的。我與食物的關係是「我」的本質依賴於我所吃的食物。這就是為甚麼「飲食哲學」要強調：We are what we eat.（我們就是我們所吃的食物）。還有，「我們所吃的食物」在這裏具有社會學和文化學的含義。比如「厭食症」（anorexia）是特定社會和文化下對食物與女性身體的認識的結果。在不過度崇尚某一種體態標準的社會裏，厭食症的現象很罕見。的確，食物的偏好不僅僅是個人問題，更是文化問題。

另一位編輯赫爾德克是我在前面的章節中提到過的學者。她的書《餐桌上的哲學家 —— 食物與人類》（*Philosophers at Table: On Food and Being Human*）與柯汀

的論述觀點很接近。赫爾德克也是站在非二元主義的立場上，對西方的靈肉對立的哲學思想予以批駁。她說，哲學家關注「to be or not to be」這樣有關「實存」的本體論問題，但不能因此而迴避具體的生活經驗，如飲食問題。哲學關乎的不僅僅是我們的「思維」，還應該包括我們的「胃」。赫爾德克指出，我們與食物的關係也是至關重要的話題，因為這個關係直接影響我們對「自我」認知的構建。當然，形而上學是西方哲學的主要特點，也直接影響了西方的食物哲學。這種影響有正面的，亦有負面的。萬建中指出：「這一哲學給西方文化帶來生機，使之在自然科學上、心理學上、方法論上實現了突飛猛進的發展。但在另一些方面，這種哲學主張大大地起了阻礙作用，如飲食文化，就不可避免地落後了，到處打上了方法論中的形而上學痕跡。」（萬建中：《中國飲食文化》）

最近又有一部飲食哲學類的書出版了，書名是《透過食物來思考：哲學介紹》（*Thinking Through Food: A Philosophical Introduction*），作者是亞歷山德拉·普拉克亞斯（Alexandra Plakias），一位在大學任職的哲學教授。書中涉獵的內容較為廣泛，包括食品生產和食品消費。思考的視域不僅僅是文化批評，而是哲學性的反思：作者不但討論與食物相關的倫理學問題（譬如食物正義和食物安全問題、動物保護和環保問題），也涉及食物的形而上學和知識論，還有食物美學與食物技術的議題。我認為這本書的特點是，它可以是本哲學入門的教科書。作者在哲學

議題的分類上保持了傳統的做法，如本體論、知識論、政治學、倫理學、美學等，但與一般哲學書寫不同的是，所有哲學的探討都是圍繞一個主題：食物的生產與消費。顯然，作者涉及的話題，與時下人們所關心的倫理問題息息相關。

飲食哲學讓哲學家走出了象牙塔，參與生活中最基本的人類活動，這與傳統哲學要求哲學家站在研究對象之外的作法有所不同。飲食即哲學，飲食即哲學之行為（philosophical act），也是哲學之經驗（philosophical experience）。「經驗」一詞在實用主義哲學中佔有特殊的席位。在杜威的思想體系裏，教育是經驗，藝術是經驗。遺憾的是，經驗一詞意義頗為混雜，它被使用者賦予過多的解釋以至於難以界其確定的意義。杜威所說的經驗，用他自己的話來說，是現實與理想的結合，是主體與客體的互動，是理性和感性的交融。（杜威：〈經驗與客觀的觀念論〉）舒斯特曼的「身體美學」正是基於實用主義的經驗觀，以及經驗對生活意義的詮釋。如果我們把哲學看作是生活哲學，那麼飲食哲學就是生活重要的組成部分。研究食物與飲膳的本質是研究人的體驗、感受、成長、重組及改造。甚麼時候吃？在哪裏吃？吃甚麼？和誰吃？這些看似平常的問題，都可以成為哲學思考的對象。To eat philosophically（以哲學的姿態去飲食），是 gastrosophia（美食哲學）的宗旨。

飲食哲學注重經驗主義，但也沒有拋棄理性主義。透

過食物來思考，是飲食哲學的宗旨所在。正如舒斯特曼所言：飲食哲學豐富了身體美學作為一項哲學工程的內涵。作為一門生活藝術，它旨在賦予經驗、倫理和感官之美。飲食哲學告訴我們，「the question of eating」（飲食的問題）就是「the question of being」（實存的問題），是生活藝術具象化的一種形態。哲學不只是靈魂修行的探索，更是根植於身體經驗的探索。

「活着是為了吃飯，還是吃飯是為了活着？」蘇格拉底的這個人生問題在當今早已轉變為「你就是你的食物」的哲學命題。也就是說，食物構造自我、拯救自我。這是多麼完美的哲學構想呀，也正是當下「美食家」（mindful foodists）所追求的理念。

飲膳哲學，為我們找到一個言說靈與肉「不二」的突破口。英國詩人、奇幻小說作家約翰·托爾金（J. R. R. Tolkien）有言：倘若有更多的人熱愛美食與詩歌勝過愛黃金，這世界會是一個更美好的地方。

哈里路亞！我們在尋找，尋找那個餵養我們的美食靈魂！

謝辭

　　首先我要感謝為拙作寫序的兩位朋友：美國著名的哲學家、「身體美學」的開拓者舒斯特曼教授及香港浸會大學電影學院總監文潔華教授。在學術上能有這樣的朋友鼓勵和提攜，是本人的榮幸。感謝我的閨蜜們：媛媛、蔚、潔、素英、Eva、Elizabeth、Ann、Melody。能和她們一道品味美食，天南地北地暢談，人生還有什麼不滿足的呢？感謝好友 J，我們在飯桌上的每一次閒聊，無論是哲學還是音樂，都成為我美好的回憶。感謝我的博士生阿苗，主動幫忙為我的書稿做校對，並翻譯推薦序的部分。感謝我的先生 Tony 的插圖以及好友 Ann Fong 所提供的靜物攝影，兩位都是理工科目出身，但對藝術的追求毫不含糊。還要感謝小朵，一位熱愛美食的攝影師。最後，我要衷心感謝香港中華書局的厚愛以及黎耀強副總編和子晴編輯的鼎力支持。

2021 年 4 月於香港九龍塘

I. 外文參考文獻

Ackerman, D. (1991). *A Natural History of the Senses*. New York: Vintage.

Acharya, V. & Johnson, R. (eds.). (2020). *Nietzsche and Epicurus: Nature, Health and Ethics*. London: Bloomsbury Academic.

Adam G. A. (2011). *The Table Comes First: Family, France, and the Meaning of Food*. New York: Vintage.

Agamben, G. (2017). *Taste*, Cooper Francis (trans.). Chicago: University of Chicago Press.

Ames, R. T. (2020). *Confucian Role Ethics: A Vocabulary*. Albany, NY: SUNY.

Apicius, M. G. et al. (2006). *Apicius*. London: Prospect Books.

Avakian, A. (ed.). (1997). *Through the Kitchen Window: Women Writers Explore the Intimate Meanings of Food and Cooking*. Darby: Diane Publishing Company.

Baggini, J. (2016). *The Virtues of the Table: How to Eat and Think*. London: Granta Books.

Bakhtin, M. (2008). *The Dialogic Imagination: Four Essays*. Austin: University of Texas Press.

Barthes, R. (2000). *Steak and Chips* in *Mythologies*. New York: Vintage.

Baudrillard, J. (1994). *Simulacra and Simulation*. Ann Arbor: University of Michigan Press.

Belasco, W. (2008). *Food: The Key Concepts*. New York: Warren Belasco.

Boisvert, R. (2014). *I Eat, Therefore I Think: Food and Philosophy*. Madison: Fairleigh Dickinson University.

Boisvert, R. & Heldke, L. (2016). *Philosophers at Table: On Food and Being Human*. London: Reaktion Books Ltd.

Boardman, J. & Hammond, N. (1982). *The Cambridge Ancient History*. New York: Cambridge University Press.

Brillat-Savarin, J. (1970). *The Philosopher in the Kitchen*. New York: Penguin Books.

Brillat-Savarin, J. (2009). *The Physiology of Taste: or Meditations on Transcendental Gastronomy.* London: Everyman's Library.

Brandt, D. (1993). *Women Working in the NAFTA Food Chain: Women, Food & Globalization.* Toronto: Second Story Press.

Brooks, D. (2001). *Bobos in Paradise: The New Upper Class and How They Got There.* New York: Simon & Schuster.

Burke, E. (2009). *A Philosophical Enquiry into the Origin of Our Ideas of the Sublime and Beautiful.* Oxford: Oxford University Press.

Burke, E. (1982). *Reflections on the Revolution in France.* New York: Penguin Classics.

Chang, K. C. (1977). *Food in Chinese Culture.* New Haven: Yale University Press.

Clark, M. (1990). *Nietzsche on Truth and Philosophy.* New York: Cambridge University Press.

Cohen, A. (2008). *The Ultimate Kantian Experience: Kant on Dinner Parties. History of Philosophy Quarterly.* Volume 25, Number 4:315-336.

Cohen, M. (2018). *I Think Therefore I Eat: The World's Greatest Minds Tackle the Food Question.* Nashville: Turner Publishing Company.

Crang, M. (2013). *Cultural Geography.* London: Routledge.

Curtin, D. W. & Heldke, L. M. (1992). *Cooking, Eating, Thinking: Transformative Philosophies of Food.* Bloomington: Indiana University Press.

Dalí, S. (2016). *Les Diners de Gala.* Cologne: Taschen.

Deleuze, G. (2006). *Nietzsche and Philosophy.* New York: Columbia University Press.

Diderot, D. (1751). *The judgement of Taste. Encyclopédie* (35 vols., 1751-1780).

Dobelli, R. (2011). *Die Kunst des klaren Denkens.* Oxford: Piper ebooks.

Douglas, M. (2002). *Purity and Danger.* London: Routledge.

Fischler, C. (1988). *Food, self and identity. Social Science Information.* 27(2):275-292.

Foucault, M. (1978). *The History of Sexuality: An Introduction.* New York: Vantage Books.

Goody, J. (1982). *Cooking, Cuisine and Class: A Study in Comparative Sociology.* Cambridge: Cambridge University Press.

Graham, A. C. (1989). *Disputers of the Tao.* Chicago: Open Court Publishing Company.

Granet, M. (1999). *La Pensée Chinoise.* Paris: Albin Michel.

Needham, J. (2004). *Science and Civilization in China.* New York: Cambridge University Press.

Gros, F. (2009). *Marcher, une philosophie.* Paris: Carnets Nord.

Honore, C. (2005). *In Praise of Slowness: Challenging the Cult of Speed.* San Francisco: Harper One.

Holcombe, C. (2005). *The Real Chinaman.* Boston: Adamant Media Corporation.

Hume, D. (1985). *A Treatise of Human Nature.* New York: Penguin Classics.

Hume, D. (2013). *Of the Standard of Taste: Post-Modern Times Aesthetic Classics.* Birmingham: Birmingham Free Press.

Hume, D. (2014). *A Treatise of Human Nature.* California: Createspace Independent Pub.

Johnson, R. J. (2020) *The Gastrosophists! A seven-course meal with Epicurus and Nietzsche.* In *Nietzsche and Epicurus.* Vinod Acharya and Ryan J. Johnson (eds.). London: Bloomsbury Academic.

Joyes, C. (2006). *Monet's Table: The Cooking Journals of Claude Monet.* New York: Simon & Schuster.

Kant, I. (2007). *The Critique of Judgement.* Oxford: Oxford University Press.

Kierkegaard, S. (1992). *Either/Or: A Fragment of Life.* New York: Penguin Classics.

Korsmeyer, C. (2014). *Making Sense of Taste: Food and Philosophy.* Ithaca: Cornell University Press.

Lakoff, G. & Johnson, M. (2003). *Metaphors We Live By.* Chicago: University of Chicago Press.

Lappé, F. M. (1991). *The Diet of a Small Planet.* New York: Ballantine Books.

Lea, R. (2015). *Dinner with Jackson Pollock: Recipes, Art & Nature.*

New York: Perseus Distribution Services.

Levi-Strauss, C. (1983). *The Raw and the Cooked*. Chicago: University of Chicago Press.

Lacoue-Labarthe, P. (2005). *Le chant des muses*. Paris: Bayard Jeunesse.

Laudan, R. (2016). *Culinary Philosophy: Pretentious or What? Food History*. October 26.

Laudan, R. (2013). *Cuisine and Empire: Cooking in World History*. California: University of California Press.

Mayle, P. (1992). *Acquired Tastes*. Waterville: Thorndike Press.

Mayle, P. (1990). *A Year in Provence*. New York: Random House Inc.

Milindapanha (1965). *The Questions of King Milinda*. Thomas William (eds.). Delhi: Motilal Banarsidass.

Monroe, D. & Allhoff, F. (2007). *Food and Philosophy: Eat, Think, and Be Merry*. Hoboken: Blackwell Publishing Ltd.

Muhlstein, A. (2012). *Balzac's Omelette: A Delicious Tour of French Food and Culture with Honore'de Balzac*. New York: Other Press.

Needham, J. (1956). *Science and Civilisation in China: Volume 2, History of Scientific Thought*. Cambridge: Cambridge University Press.

Nietzsche, F. (2006). *The Gay Science*. New York: Dover Publications.

Nietzsche, F. (2003). *The Genealogy of Morals*. New York: Dover Publications.

O'Connell, J. (2016). *The Book of Spice: From Anise to Zedoary*. New York: Pegasus Books.

Petrini, C. (2007). *Slow Food Nation*. New York: Rizzoli International Publications.

Plakias, A. (2018). *Thinking Through Food: A Philosophical Introduction*. Peterborough: Broadview Press.

Robert Hans van Gulik (1974). *A Preliminary Survey of Chinese Sex and Society from ca. 1500 B.C. till 1644 A.D.* Leiden: Brill.

Rowley, G. (1959). *Principles of Chinese Painting*. Princeton: Princeton

University Press.

Shapiro, L. (2018). *What She Ate: Six Remarkable Women and the Food That Tells Their Stories*. London: Penguin Books.

Scholliers, P. (2001). *Food, Drink and Identity: Cooking, Eating and Drinking in Europe since the Middle Ages*. London: Bloomsbury Academic.

Semedo, A. (2009). *The History of that Great and Renowned Monarchy of China*. Charleston: BiblioBazaar.

Shapiro, L. (2008). *Perfect Salad: Women and Cooking at the Turn of the Century.* Oakland, CA: University of California Press.

Shusterman, R. (2016). *Somaesthetics and the Fine Art of Eating.* In *Body Aesthetics*. Oxford: Oxford University Press.

Shusterman, R. (2008). *Body Consciousness: A Philosophy of Mindfulness and Somaesthetics*. New York: Cambridge University Press.

Singer, P. (1975). *Animal Liberation*. New York: HarperCollins.

Spence, C. (2017). *Gastrophysics: The New Science of Eating*. New York: Viking.

Stone, D. (2019). *The Food Explorer: The True Adventures of the Globe-Trotting Botanist Who Transformed What America Eats*. London: Penguin Publishing Group.

Sober. E. (1986). *Philosophical problems for environmentalism*. In *The Preservation of Species*. Bryan G. Norton (ed.). Princeton: Princeton University Press.

Telfer, E. (1996). *Food for Thought: Philosophy and Food*. London: Routledge.

Thompson, P. B. (2015). *From Field to Fork: Food Ethics for Everyone*. Oxford: Oxford University Press.

Valgenti R. T. (2014). *Nietzsche and Food*. In: Thompson P. B., Kaplan D. M. (eds). *Encyclopedia of Food and Agricultural Ethics*. Dordrecht: Springer.

Van Gulik, R. (1974). *Sexual Life in Ancient China*. Leiden: Brill.

Waters, A. (2010). *In the Green Kitchen: Techniques to Learn by Heart*.

New York: Clarkson Potter.

Williams, M. & Penman, D. (2011). *Mindfulness: An Eight-Week Plan for Finding Peace in a Frantic World*. Emmaus: Rodale Books.

Wilson, E. (2003). *Bohemians: The Glamorous Outcasts*. London: Tauris Parke.

II. 中文參考文獻

柏拉圖:《柏拉圖對話集》。北京:商務印書館,2004。

查爾斯·史賓斯(著),陸維濃(譯):《美味的科學:從擺盤、食器到用餐情境的飲食新科學》。臺北:商周出版,2018。

陳立:《滋味人生》。北京:中信出版集團,2020。

陳曉卿:《至味在人間》。桂林:廣西師範大學出版社,2016。

村上春樹:《奇鳥行狀錄》。上海:上海譯文出版社,2009。

村上春樹(著),賴明珠(譯):《舞舞舞》。臺北:時報文化,2010。

村上春樹:《挪威的森林》。上海:上海譯文出版社,2001。

戴聖〔西漢〕:《禮記》。北京:中華書局,2005。

董仲舒〔西漢〕(著),周桂鈿(譯注):《春秋繁露》。北京:中華書局,2011。

范勁:〈《肉蒲團》事件與中國文學的域外發生〉,《中國比較文學》,第三期,2019。

弗羅杭·柯立葉(著),陳蓁美、徐麗松(譯):《饞:貪吃的歷史》。臺北:馬可孛羅,2015。

弗里德里希·尼采(著),謝地坤等(譯):《善惡之彼岸》。桂林:灕江出版社,2007。

弗里德里希·尼采:《查拉圖斯特拉如是說》。上海:華東師範大學出版社,2009。

龔鵬程:《飲饌叢談》。濟南:山東畫報出版社,2010。

庚竹小談：〈食品專家稱：女權主義使所有人發胖！〉，《每日頭條》，2007 年 6 月 5 日。

胡川安、郭婷、郭忠豪：《食光記憶》。新北：聯經出版公司，2017。

忽思慧 [元]：《飲膳正要》。上海：上海古籍出版社，1990。

加斯東・巴舍拉（著），顧嘉琛（譯）：《水與夢》。長沙：嶽麓書社，2005。

蔣勳：《孤獨六講》。臺北：聯合文學，2007。

傑克・古迪（著），王榮欣、沈南山（譯）：《烹飪、菜餚與階級》。杭州：浙江大學出版社，2010。

杰克・特納（著），周子平（譯）：《香料傳奇：一部由誘惑衍生的歷史》。臺北：三聯書店，2007。

久住昌之：《孤獨的美食家》。北京：中國計量出版社，2015。

鳩摩羅什（譯）：《大智度論》。上海：上海古籍出版社，1991。

梁秉鈞：《後殖民食物與愛情》。香港：牛津大學出版社，2009。

梁文道：《味覺現象學》。香港：上書局，2007。

梁實秋：《雅舍談吃》。南京：江蘇文藝出版社，2010。

劉勰 [南朝梁]：《文心雕龍》。杭州：浙江古籍出版社，2011。

林語堂：《生活的藝術》。新北：遠景，2005。

李漁 [明]：《閒情偶寄》。上海：上海古籍出版社，2000。

李斗 [清]：《揚州畫舫錄》。北京：中華書局，1997。

利瑪竇：《利瑪竇中國箚記》。北京：中華書局，1983。

米歇爾・福柯（著），佘碧平（譯）：《主體解釋學》。上海：上海人民出版社，2018。

米歇爾・翁弗雷：《輕與重文叢：哲學家的肚子》。上海：華東師範大學出版社，2017。

米歇爾・翁弗雷：《享樂的藝術》。臺北：邊城，2005。

牟宗三：《才性與玄理》。臺北：臺灣學生書局，1989。

讓－保羅・薩特：《存在主義是一種人道主義》。上海：上海譯文出版社，2012。

司空圖［唐］：《二十四詩品》。杭州：浙江古籍出版社，2011。

薩爾瓦多・達利（著），陳訓明（譯）：《我的秘密生活》。北京：金城出版社，2012。

孫通海（譯注）：《莊子》。北京：中華書局，2007。

塞繆爾・斯邁爾斯（著），徐靜波、朱莉莉（譯）：《品格論》。上海：復旦大學出版社，2011。

史作檉：《一個人的哲學》。臺北：典藏藝術家庭，2016。

藤井宗哲（著），劉雅婷（譯）：《禪食慢味：宗哲和尚的精進料理》。臺北：橡實文化出版社，2007。

萬建中：《中國飲食文化》。北京：中央編譯出版社，2011。

瓦西里・康丁斯基（著），吳瑪利（譯）：《藝術與藝術家論》。臺北：藝術家出版社，1998。

王弼（注），樓宇烈（校）：《老子道德經注》。北京：中華書局，2011。

王學泰：《中國飲食文化史》。桂林：廣西師範大學出版社，2006。

韋昭［吳］：《國語》。上海：上海古籍出版社，2008。

王冰［唐］注：《黃帝內經》。北京：中醫古籍出版社，2003。

王愛和：《中國古代宇宙觀與政治文化》。上海：上海古籍出版社，2018。

吳鉤：〈舌尖上的宋朝〉。https://www.rujiazg.com/article/13453，原載於〈我們都愛宋朝〉微信公眾號（2018年2月25日引用）。

汪曾祺：《故鄉的食物》。南京：江蘇文藝出版社，2010。

謝忠道：《慢食之後》。北京：生活・讀書・新知三聯書店，2013。

許慎［漢］：《說文解字》。北京：中華書局，1963。

小津安二郎：《豆腐匠的哲學》。上海：新星出版社，2016。

索倫・奧貝齊・祈克果（著），林宏濤（譯）：《致死之病：關於造就和覺醒的基督教心理學闡述》。臺北：商周出版，2017。

楊伯峻：《論語譯注》。北京：中華書局，2009。

袁枚［清］：《隨園食單》。香港：心一堂，2014。

優波離（著），鳩摩羅什（譯）：《十誦律》。香港：法鼓文化，1990。

張仲景：《金匱要略》。北京：人民衛生出版社，2005。

朱立安・巴吉尼：《吃的美德：餐桌上的哲學思考》。臺北：商周出版，2012。

SORA, H.：〈吐司沙發、混凝土晚宴……食物裝置藝術家 Laila Gohar 讓藝術「更美味」〉。https://www.thefingerwords.com/ood-artist-laila-gohar/（2020 年 4 月 15 日引用）。

莊仁傑：《晚清文人的風月陷溺與自覺》。臺北：秀威資訊，2010。

左丘明［春秋］：《左傳》。山西：山西古籍出版社，2004。

莊適（選注）：《呂氏春秋》。北京：商務印書館，1947。

鍾嶸［南朝］：《詩品》。臺中：五南圖書，2013。

張岱［明］：《陶庵夢憶》。北京：紫禁城出版社，2011。

周國平：《文化品格》。北京：作家出版社，2012。

朱熹［宋］：《孟子校注：諸子百家叢書》。上海：上海古籍出版社，1987。

舌尖上的哲學
——我吃故我思

張穎 著

責任編輯　何宇君　郭子晴
裝幀設計　簡雋盈
排　　版　陳美連
印　　務　劉漢舉

出版
中華書局（香港）有限公司
香港北角英皇道四九九號北角工業大廈一樓 B
電話：（852）2137 2338　傳真：（852）2713 8202
電子郵件：info@chunghwabook.com.hk
網址：http://www.chunghwabook.com.hk

發行
香港聯合書刊物流有限公司
香港新界荃灣德士古道 220-248 號
荃灣工業中心 16 樓
電話：（852）2150 2100　傳真：（852）2407 3062
電子郵件：info@suplogistics.com.hk

印刷
美雅印刷製本有限公司
香港觀塘榮業街六號海濱工業大廈四樓 A 室

版次
2022 年 5 月初版
©2022 中華書局（香港）有限公司

規格
16 開（210mm×140mm）

ISBN
978-988-8807-33-8